PEPTIDI

PER PRINCIPIANTI

Ottieni una salute ottimale con protocolli peptidici sicuri per la crescita muscolare, la perdita di grasso, la longevità, l'immunità e la salute del cervello

Earl Fischer

DISCONOSCIMENTO

Il contenuto fornito in questo libro è inteso solo a scopo informativo ed educativo. Non intende sostituire la consulenza, la diagnosi o il trattamento medico professionale. L'autore e l'editore non pretendono di offrire consulenza medica, legale o professionale e si consiglia ai lettori di consultare un operatore sanitario qualificato prima di prendere qualsiasi decisione o intraprendere azioni sulla base delle informazioni contenute in questo libro.

Sebbene sia stato fatto ogni sforzo per garantire l'accuratezza e l'affidabilità del contenuto, l'autore e l'editore non forniscono alcuna garanzia sulla completezza, l'attualità o eventuali errori nel materiale. Le informazioni presentate si basano su ricerche ed esperienze personali, ma non sono state esaminate o approvate da autorità mediche come la FDA o qualsiasi agenzia/autorità medica equivalente.

L'uso di qualsiasi peptide, protocollo o raccomandazione discussa in questo libro deve essere intrapreso a discrezione e rischio del lettore. Si consiglia vivamente alle persone di consultare un operatore sanitario, in particolare quelle in gravidanza, in allattamento, che assumono farmaci o che gestiscono condizioni di salute croniche. I risultati possono variare e le informazioni fornite non devono essere considerate come una garanzia o una prescrizione.

Le opinioni espresse in questo libro sono esclusivamente quelle dell'autore e potrebbero non riflettere le opinioni di organizzazioni o istituzioni. L'autore e l'editore declinano ogni responsabilità per eventuali perdite, lesioni o danni subiti a seguito dell'applicazione delle informazioni qui fornite.

Leggendo questo libro, riconosci e accetti che l'autore e l'editore non sono responsabili per eventuali risultati derivanti dall'applicazione di questo materiale.

La riproduzione, la distribuzione o la trasmissione non autorizzate di questi contenuti, in qualsiasi forma, sono vietate senza il previo consenso scritto dell'autore.

Sommario

INTRODUZIONE 10
CAPITOLO 1. INTRODUZIONE AI PEPTIDI 11
    1.1 Cosa sono i peptidi? 11
    1.2 Storia ed evoluzione dei peptidi in medicina 11
    1.3 Differenza tra peptidi e proteine 11
    1.4 Peptidi naturali e sintetici 12
    1.5 Tecniche di sintesi peptidica 12
CAPITOLO 2. LA SCIENZA DIETRO I PEPTIDI 14
    2.1 Struttura e funzione dei peptidi 14
    2.2 Come funzionano i peptidi nel corpo 14
    2.3 Tipi di peptidi 14
        2.3.1 Oligopeptidi 14
        2.3.2 Polipeptidi 15
        2.3.3 Peptidi ciclici 15
    2.4 Recettori peptidici chiave e percorsi 15
    2.5 Il ruolo degli amminoacidi nella funzionalità dei peptidi 15
CAPITOLO 3. COME INIZIARE A USARE I PEPTIDI 16
    3.1 Scegliere il peptide giusto per le tue esigenze 16
    3.2 Come acquistare peptidi in modo sicuro 16
    3.3 Come somministrare i peptidi 17
        3.3.1 Iniezioni 17
        3.3.1.1 Guida passo passo per ricostituire CJC-1295 per iniezione 17
        3.3.2 Capsule orali 18
        3.3.3 Spray nasali 19
    3.4 Linee guida per il dosaggio e peptidi ciclici 19
    3.5 Sfide comuni e come superarle 19
    3.6 Errori comuni da evitare quando si avviano i peptidi 21
CAPITOLO 4. SICUREZZA E NORMATIVE 22
    4.1 Sicurezza dei peptidi: comprensione degli effetti collaterali e dei rischi 22
    4.2 Considerazioni legali e normative nell'uso dei peptidi 23
    4.3 Peptidi e FDA: stato attuale dell'approvazione 23
CAPITOLO 5. PEPTIDI TERAPEUTICI E USI 25
    5.1 Peptidi per la perdita di grasso 25

  Ipamorelin 25

  AOD-9604 25

  Semaglutide 26

  Tirzepatide 27

  Tesofensine 27

  Tesamorelin 28

  MOTS-C 28

  5-Ammino 1MQ 29

5.2 Peptidi per la crescita e le prestazioni muscolari 30

  Sermorelin 30

  BPC-157 30

  TB-500 32

  IGF-1 LR3 33

  DSIP 34

  GHRP-2 34

  GHRP-6 35

  Hexarelin 36

  PEG-MGF 37

  MK-677 38

  Ipamorelin 39

  CJC-1295 39

5.3 Peptidi per la salute del cervello e le prestazioni cognitive 40

  Semax 40

  Selank 41

  Dihexa 42

  Cerebrolysin 43

  Orexin A 44

  PE-22-28 45

  FGL 45

5.4 Peptidi per la longevità e l'anti-invecchiamento 46

  Epitalon 46

  Thymalin 47

  GHK-Cu 48

  Humanin 49

TB-4/TB-500 50

5.5 Peptidi per la salute sessuale 51

    PT-141 51

    Kisspeptin 52

    Melanotan II 53

5.6 Peptidi per l'immunità 54

    Thymosin Alpha-1 54

    LL-37 55

    VIP 56

    KPV 57

    ARA-290 57

    SS-31 58

5.7 Peptidi per il sonno 59

    DSIP (peptide delta che induce il sonno) 59

    Epitalon 60

    Thymosin Beta-4 61

5.8 Peptidi per pelle, capelli ed estetica 61

    GHK-Cu 61

    Argireline 62

    PTD-DBM 63

    BPC-157 63

    Melanotan I e II 64

5.9 Peptidi per le donne 65

    Kisspeptin 65

    Peptidi per la menopausa 65

    PT-141 66

5.10 Peptidi per gli uomini 67

    Gonadorelin 67

    Kisspeptin 68

    PT-141 68

CAPITOLO 6. STACK E COMBINAZIONI DI PEPTIDI 70

6.1 Pile di peptidi /combo per la perdita di grasso 70

    Ipamorelin + CJC-1295 70

    Ipamorelin + CJC-1295 + AOD-9604 70

Semaglutide + MOTS-C + Tesamorelin 71

Tirzepatide + Tesofensine + 5-Amino 1MQ 72

Tesamorelin + CJC-1295 + MK-677 72

AOD-9604 + Ipamorelin + Tirzepatide 73

6.2 Pile di peptidi /combo per la crescita muscolare 73

CJC-1295 + Ipamorelin + IGF-1 LR3 73

CJC-1295 + Ipamorelin + BPC-157 74

CJC-1295 + GHRP-2 + BPC-157 74

CJC-1295 + GHRP-6 + BPC-157 75

MK-677 + GHRP-6 + PEG-MGF 75

TB-500 + BPC-157 + CJC-1295 76

IGF-1 DES + Follistatina-344 + GHRP-2 76

Hexarelin + Ipamorelin + IGF-1 LR3 77

Hexarelin + TB-500 + PEG-MGF 77

6.3 Salute del cervello e prestazioni cognitive Stack/Combo 78

Semax + Selank + Cerebrolysin 78

Semax + Selank + Dihexa 78

Dihexa + Selank + FGL 79

Cerebrolysin + Semax + Epitalon 80

Epitalon + Selank + Dihexa 80

Semax + CJC-1295 + GHRP-2 81

Diexa + Orexin A + FGL 81

Semax + PE-22-28 + Orexin A 82

6.4 Pile/Combo di peptidi per longevità e anti-invecchiamento 82

Epitalon + Thymalin + GHK-Cu 82

Epitalon + BPC-157 + TB-500 83

Epitalon + Humanin + GHK-Cu 84

MOTS-C + Humanin + SS-31 (Elamipretide) 84

Epitalon + CJC-1295 + GHRP-2 85

GHK-Cu + BPC-157 + TB-500 85

Thymalin + Epitalon + GHRP-6 86

6.5 Pile/Combo di peptidi per la salute sessuale 87

PT-141 + Kisspeptin + Melanotan II 87

PT-141 + CJC-1295 + Ipamorelin 87

    Gonadorelin + PT-141 + MK-677 88
    Kisspeptin + CJC-1295 + Ipamorelin 88
    PT-141 + Melanotan II + CJC-1295 89
  6.6 Pile/combo di peptidi per l'immunità 89
    Thymosin Alpha-1 + LL-37 + VIP 89
    Thymosin Alpha-1 + BPC-157 + SS-31 90
    VIP + LL-37 + SS-31 90
    Thymosin Alpha-1 + KPV + ARA-290 91
    Thymosin Alpha-1 + LL-37 + BPC-157 92
  6.7 Pile/combo di peptidi per pelle, capelli ed estetica 92
    GHK-Cu + BPC-157 + Epitalon 92
    GHK-Cu + PTD-DBM + Argireline 93
    GHK-Cu + CJC-1295 + Ipamorelin 94
    BPC-157 + GHRP-2 + GHK-Cu 94
  6.8 Considerazioni chiave per le combinazioni/impilamento dei peptidi 95
CAPITOLO 7. PEPTIDI E STILE DI VITA 96
7.1 Nutrizione, esercizio fisico e recupero 96
    7.1.1 Nutrizione 96
    7.1.2 Esercizio 96
    7.1.3 Recupero 97
7.2 Gestire le tue aspettative 97
    7.2.1 Prestazioni a breve termine (da giorni a settimane) 97
    7.2.2 Prestazioni a lungo termine (entro mesi) 97
    7.2.3 Bilanciamento delle aspettative 98
CAPITOLO 8. CONCLUSIONE 99
  8.1 Risorse per l'ulteriore apprendimento e la ricerca 99
Referenze 101

INTRODUZIONE

I peptidi stanno rapidamente diventando popolari nel campo della medicina rigenerativa grazie alla loro capacità di promuovere la guarigione e riparare i tessuti a livello cellulare. A differenza di molti trattamenti tradizionali, che tendono a mascherare i sintomi, i peptidi agiscono affrontando le cause alla radice del danno o della degenerazione, consentendo al corpo di guarire se stesso in modo più efficace.

Presenti naturalmente nel corpo umano e sintetizzati anche per scopi specifici, i peptidi vengono utilizzati per stimolare la migrazione cellulare, promuovere il recupero e la rigenerazione dei tessuti. Questi peptidi rigenerativi hanno guadagnato popolarità tra gli atleti e gli appassionati di fitness perché aiutano ad accelerare il recupero da infortuni sportivi e allenamenti intensi.

Tuttavia, i loro benefici vanno oltre gli atleti, poiché vengono utilizzati anche nel trattamento di condizioni come dolore cronico, artrite, squilibri ormonali, disfunzione erettile e malattie infiammatorie. Con ulteriori ricerche, è probabile che i peptidi diventino ancora più parte integrante nello sviluppo di trattamenti per la degenerazione legata all'età, consentendo alle persone di riprendersi dalle lesioni più velocemente e di sperimentare meno usura con l'avanzare dell'età. Malattie croniche come il diabete, le malattie cardiache e le condizioni neurodegenerative sono alcuni dei problemi di salute più urgenti in tutto il mondo. I peptidi offrono nuove possibilità nel trattamento e nella gestione di queste condizioni. I peptidi svolgono anche un ruolo significativo nel rallentare gli effetti e persino nell'invertire alcuni aspetti dell'invecchiamento cellulare.

Questo libro funge da guida per principianti per comprendere i peptidi, i loro usi e come possono giovare alla tua salute. Sebbene i peptidi possano sembrare complessi, le loro applicazioni sono semplici e facili da incorporare nella vita di tutti i giorni. Imparerai cosa sono i peptidi, come funzionano nel corpo e come vengono applicati nell'assistenza sanitaria moderna. Ogni peptide ha proprietà uniche e la scelta giusta dipende dalle esigenze e dagli obiettivi di salute individuali.

La sicurezza è un punto chiave di questo libro. Sebbene i peptidi siano generalmente considerati sicuri se usati correttamente, devono essere maneggiati e somministrati con cura. Questo libro include consigli pratici su come reperire e preparare i peptidi, somministrarli e monitorarne gli effetti. Fornisce inoltre informazioni sui potenziali rischi ed effetti collaterali, aiutandoti a prendere decisioni informate.

CAPITOLO 1. INTRODUZIONE AI PEPTIDI

1.1 Cosa sono i peptidi?

I peptidi sono catene corte di amminoacidi. Pensali come piccoli mattoni che compongono le proteine del tuo corpo. Mentre le proteine sono catene lunghe e complesse di questi amminoacidi, i peptidi sono molto più piccoli e semplici. Di solito sono costituiti da 2 a 50 amminoacidi legati tra loro in una sequenza specifica.

Il tuo corpo produce naturalmente molti peptidi diversi e svolgono un ruolo essenziale in vari processi biologici. I peptidi possono agire come segnali tra le cellule, aiutando a regolare attività come la guarigione, la crescita e il metabolismo. Possono anche fungere da ormoni, trasportando informazioni tra organi e tessuti.

Negli ultimi anni, i peptidi hanno guadagnato molta attenzione nelle comunità di medicina, fitness e benessere. Questo perché gli scienziati hanno trovato il modo di creare peptidi sintetici in grado di imitare i peptidi naturali del corpo. Queste versioni sintetiche possono essere utilizzate per trattare varie condizioni di salute, migliorare le prestazioni fisiche o persino rallentare gli effetti dell'invecchiamento.

1.2 Storia ed evoluzione dei peptidi in medicina

L'uso dei peptidi in medicina non è un concetto nuovo di zecca. In effetti, i peptidi sono stati studiati e utilizzati per quasi un secolo. Il primo peptide medico conosciuto fu l'insulina, che fu scoperta all'inizio degli anni '20. L'insulina, un ormone peptidico, ha rivoluzionato il trattamento del diabete, consentendo a milioni di persone in tutto il mondo di gestire efficacemente i livelli di zucchero nel sangue.

Da allora, i ricercatori hanno sviluppato un'ampia gamma di peptidi terapeutici. Nei primi anni, la maggior parte dell'attenzione si concentrava sui peptidi presenti in natura, ma con l'avanzare della tecnologia, gli scienziati hanno iniziato a creare versioni sintetiche. Questi peptidi sintetici spesso funzionano in modo più efficiente o mirano a funzioni specifiche all'interno del corpo. Ad esempio, i peptidi sintetici come BPC-157 o TB-500 sono popolari nel mondo dello sport e della riabilitazione per la loro capacità di accelerare la guarigione.

Nel 21° secolo, i peptidi sono passati dall'essere una terapia di nicchia a qualcosa che sta diventando più mainstream. Con oltre 800 farmaci peptidici attualmente in fase di sviluppo e molti già disponibili sul mercato, si prevede che i peptidi svolgeranno un ruolo importante nel futuro dell'assistenza sanitaria.

1.3 Differenza tra peptidi e proteine

Sia i peptidi che le proteine sono costituiti da amminoacidi, ma la differenza principale tra loro è la loro dimensione. I peptidi sono più corti, in genere costituiti da un massimo di 50 amminoacidi, mentre le proteine sono molto più grandi e possono contenere migliaia di aminoacidi.

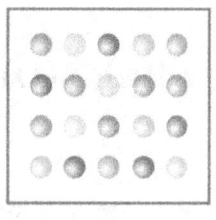 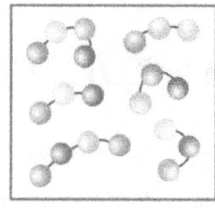 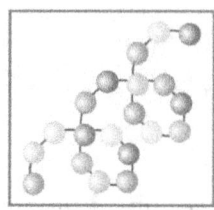

Amino acids   Peptides   Protein

Un'altra differenza fondamentale è il modo in cui funzionano. Mentre i peptidi spesso agiscono come molecole di segnalazione o ormoni, le proteine tendono a svolgere ruoli più strutturali nel corpo. Ad esempio, il collagene, che conferisce forza alla pelle e ai tessuti, è una proteina. D'altra parte, l'insulina, che aiuta a regolare i livelli di zucchero nel sangue, è un ormone peptidico.

Inoltre, i peptidi tendono ad essere più versatili nelle applicazioni mediche. Sono più piccoli e più facili da manipolare in laboratorio, il che li rende più facili da studiare e utilizzare nei trattamenti. Questo è il motivo per cui c'è un interesse così crescente nello sviluppo di terapie a base di peptidi per tutto, dalla perdita di peso al potenziamento cognitivo.

1.4 Peptidi naturali e sintetici

I peptidi possono essere trovati naturalmente nel corpo o possono essere prodotti in laboratorio. I peptidi naturali sono prodotti dalle cellule e aiutano a regolare una varietà di funzioni, come la riparazione dei tessuti danneggiati, la regolazione degli ormoni e il controllo del metabolismo.

Peptidi naturali

Questi sono i peptidi che il tuo corpo produce da solo. Ogni giorno, le tue cellule producono migliaia di peptidi diversi che mantengono il tuo corpo senza intoppi. Alcuni esempi includono:

- **Insulina:** regola i livelli di zucchero nel sangue.
- **Ossitocina:** svolge un ruolo nel parto e nel legame tra le persone.
- **Glicagonia:** aiuta ad aumentare i livelli di zucchero nel sangue quando sono troppo bassi.

Peptidi sintetici

Gli scienziati creano peptidi sintetici in laboratorio. Questi peptidi sono progettati per imitare i peptidi naturali nel tuo corpo o migliorarli in qualche modo. Ad esempio, i peptidi sintetici come CJC-1295 e Ipamorelin vengono utilizzati per stimolare la produzione dell'ormone della crescita da parte del corpo, aiutando le persone a costruire muscoli, recuperare più velocemente e persino rallentare l'invecchiamento.

Poiché i peptidi sintetici sono prodotti in un ambiente controllato, i ricercatori possono modificarli per usi specifici. Questo apre molte possibilità per trattare diversi problemi di salute o migliorare le prestazioni in un modo che i peptidi naturali potrebbero non essere in grado di fare da soli.

1.5 Tecniche di sintesi peptidica

Per produrre peptidi in laboratorio, gli scienziati utilizzano un processo chiamato **sintesi peptidica**. Esistono due metodi principali utilizzati per creare peptidi sintetici: **la sintesi peptidica in fase solida (SPPS)** e la **sintesi peptidica in fase liquida (LPPS)**.

- **Sintesi peptidica in fase solida (SPPS):** questa è la tecnica più comune per la creazione di peptidi. Nella SPPS, la catena peptidica è costruita un amminoacido alla volta mentre è attaccata a una superficie solida. Questo metodo è preferito perché è efficiente e consente agli scienziati di creare peptidi di varie lunghezze e complessità.
- **Sintesi peptidica in fase liquida (LPPS):** LPPS viene utilizzato meno frequentemente, ma può essere migliore per produrre peptidi più lunghi e complicati. Il processo avviene in una soluzione piuttosto che su una superficie solida. È più dispendioso in termini di tempo, ma in alcuni casi produce risultati migliori.

Entrambi i metodi prevedono il collegamento di amminoacidi in una sequenza specifica per creare il peptide desiderato. Una volta completato, il peptide viene purificato e testato per assicurarsi che funzioni come previsto.

CAPITOLO 2. LA SCIENZA DIETRO I PEPTIDI

Questa non è una lezione di scienze; tuttavia, cercherò di spiegare la scienza dietro questi peptidi sempre potenti. È affascinante sapere come funzionano i peptidi nel nostro corpo.

2.1 Struttura e funzione dei peptidi

2.1.1 Struttura

I peptidi sono composti da amminoacidi legati tra loro in una sequenza specifica, che formano catene corte. Queste catene si ripiegano in forme tridimensionali che determinano la loro funzione nel corpo. La sequenza di amminoacidi determina il modo in cui il peptide interagisce con altre molecole e recettori. Si va da pochi aminoacidi (come dipeptidi o tripeptidi) a circa 50 aminoacidi. La disposizione e il ripiegamento specifici di questi amminoacidi conferiscono a ciascun peptide le sue proprietà e funzioni uniche.

2.1.2 Funzionalità

- **Segnalazione:** i peptidi agiscono come messaggeri tra le cellule, trasmettendo segnali che regolano i processi biologici come la crescita, il metabolismo e la risposta immunitaria.
- **Ormoni:** molti peptidi funzionano come ormoni, controllando attività come la regolazione dell'insulina (importante per la gestione della glicemia) e il rilascio dell'ormone della crescita (cruciale per la crescita e la riparazione muscolare).
- **Enzimi:** alcuni peptidi agiscono come enzimi, accelerando le reazioni chimiche nel corpo necessarie per la digestione, il metabolismo e altri processi vitali.

2.2 Come funzionano i peptidi nel corpo

I peptidi esercitano i loro effetti legandosi a specifici recettori sulla superficie cellulare o all'interno delle cellule. Questo legame innesca una cascata di reazioni biochimiche che regolano vari processi biologici. Per esempio:

- **Comunicazione cellulare:** i peptidi possono trasmettere messaggi tra le cellule, istruendole a eseguire azioni specifiche come il rilascio di ormoni o l'attivazione di risposte immunitarie.
- **Attivazione del recettore:** legandosi ai recettori, i peptidi possono avviare o inibire risposte fisiologiche come la contrazione muscolare, l'infiammazione o il rilascio di neurotrasmettitori.
- **Attività enzimatica:** i peptidi possono agire come catalizzatori, aumentando la velocità delle reazioni chimiche che scompongono le molecole o ne costruiscono di nuove essenziali per la funzione cellulare.

2.3 Tipi di peptidi

2.3.1 Oligopeptidi

Si tratta di catene corte di aminoacidi, tipicamente costituite da 2 a 20 aminoacidi. Gli oligopeptidi includono dipeptidi (2 amminoacidi) e tripeptidi (3 amminoacidi) e spesso agiscono come molecole di segnalazione o precursori di peptidi e proteine più grandi.

2.3.2 Polipeptidi

I polipeptidi sono catene più lunghe di amminoacidi, di lunghezza compresa tra 20 e 50 amminoacidi. Sono più complessi degli oligopeptidi e possono avere diverse funzioni, tra cui la regolazione ormonale, l'attività enzimatica e il supporto strutturale nei tessuti.

2.3.3 Peptidi ciclici

I peptidi ciclici hanno una struttura unica in cui la catena di amminoacidi forma un circuito chiuso. Questa struttura ciclica ne migliora la stabilità e la resistenza alla degradazione, rendendoli preziosi nello sviluppo di farmaci e nelle applicazioni terapeutiche.

2.4 Recettori peptidici chiave e percorsi

I peptidi esercitano i loro effetti legandosi a specifici recettori sulla superficie cellulare o all'interno delle cellule. Questi recettori sono proteine che riconoscono e rispondono alla presenza di peptidi, avviando processi cellulari o cascate di segnalazione.

Recettori accoppiati a proteine G (GPCR):

Molti peptidi si legano ai GPCR, una grande famiglia di recettori coinvolti in diverse funzioni fisiologiche come la neurotrasmissione, la regolazione ormonale e la percezione sensoriale. I GPCR svolgono un ruolo importante nel mediare gli effetti dei peptidi sulle attività cellulari.

Recettori tirosin-chinasici:

Alcuni peptidi interagiscono con i recettori tirosin-chinasici, che sono coinvolti nella crescita, nella differenziazione e nel metabolismo cellulare. Il legame dei peptidi a questi recettori può attivare vie di segnalazione che regolano i processi cellulari come la crescita e la riparazione.

2.5 Il ruolo degli amminoacidi nella funzionalità dei peptidi

Gli amminoacidi sono gli elementi costitutivi dei peptidi e delle proteine e la loro sequenza determina la struttura e la funzione dei peptidi. Diversi amminoacidi apportano proprietà uniche ai peptidi, influenzandone la stabilità, l'affinità di legame e l'attività biologica.

Aminoacidi essenziali e non essenziali:

Gli aminoacidi essenziali non possono essere sintetizzati dall'organismo e devono essere ottenuti attraverso la dieta. Svolgono un ruolo fondamentale nella struttura e nella funzione dei peptidi. **Gli aminoacidi non essenziali** possono essere sintetizzati dall'organismo e contribuiscono anche alla stabilità e alla funzione dei peptidi.

CAPITOLO 3. COME INIZIARE A USARE I PEPTIDI

3.1 Scegliere il peptide giusto per le tue esigenze

Quando si considera la terapia peptidica, il primo passo è identificare gli obiettivi di salute specifici o i problemi che si desidera affrontare. Poiché i peptidi mirano a un'ampia gamma di funzioni che vanno dalla perdita di grasso e dalla crescita muscolare al miglioramento cognitivo e alla salute sessuale. È importante abbinare il peptide giusto alle proprie esigenze. La scelta del peptide sbagliato potrebbe non produrre i risultati desiderati o potrebbe addirittura portare a effetti collaterali indesiderati.

Per iniziare, pensa ai risultati particolari che stai cercando. Per esempio:

- **Per la crescita e il recupero muscolare:** peptidi come **Ipamorelin** o l'**IGF-1 LR3** sono buone scelte, in quanto aumentano la produzione dell'ormone della crescita e supportano la riparazione dei tessuti.

- **Per la perdita di grasso: AOD-9604** o **Semaglutide** possono aiutare migliorando il metabolismo dei grassi e sopprimendo l'appetito.

- **Per il ringiovanimento della pelle: GHK-Cu** è eccellente per migliorare l'elasticità della pelle, ridurre le rughe e accelerare la guarigione delle ferite.

- **Per il miglioramento cognitivo: Semax** o **Dihexa** potrebbero essere le opzioni migliori, in quanto supportano la memoria, la concentrazione e la salute generale del cervello.

È anche importante considerare eventuali condizioni di salute sottostanti o farmaci che stai assumendo, poiché alcuni peptidi possono interagire con altri trattamenti o influenzare condizioni specifiche. Consultare un professionista della salute che ha esperienza con la terapia peptidica può essere prezioso. Possono aiutarti a determinare quale peptide funzionerà meglio per le tue esigenze individuali e guidarti attraverso il processo di avvio del tuo regime peptidico.

3.2 Come acquistare peptidi in modo sicuro

L'acquisto di peptidi può essere complicato poiché il mercato è in gran parte non regolamentato e ci sono molte aziende che offrono prodotti di qualità variabile. Per assicurarti di acquistare peptidi sicuri ed efficaci, è importante fare le tue ricerche e scegliere un fornitore affidabile. Ecco alcuni fattori chiave da considerare:

- **Purezza:** L'aspetto più importante quando si acquistano peptidi è la loro purezza. I peptidi ad alta purezza sono più efficaci e più sicuri. Cerca fornitori che forniscano certificati di analisi (COA) da laboratori di terze parti indipendenti. Questi certificati di autenticità confermeranno la purezza del peptide e garantiranno che il prodotto sia privo di contaminanti o additivi nocivi.

- **Reputazione e recensioni:** scegli fornitori con una solida reputazione nel settore. Leggi le recensioni dei clienti, controlla i forum online e chiedi consigli a fonti attendibili che hanno esperienza con i peptidi. I fornitori affidabili hanno spesso una solida esperienza e offrono assistenza clienti per rispondere a qualsiasi domanda tu possa avere.

- **Etichettatura trasparente ed elenchi degli ingredienti:** assicurati che il fornitore fornisca un'etichettatura chiara e accurata sui propri prodotti. Cerca informazioni sulla concentrazione del peptide, le istruzioni per il dosaggio e la data di scadenza. Evita i prodotti che non divulgano chiaramente queste informazioni, in quanto potrebbero essere contraffatti o di bassa qualità.

- **Stoccaggio e spedizione:** I peptidi sono composti delicati che richiedono una corretta conservazione per mantenere la loro potenza. La maggior parte dei peptidi deve essere conservata in ambienti freschi e bui (spesso refrigerati). Prima dell'acquisto, assicurati che il fornitore segua i protocolli di spedizione adeguati, come l'utilizzo di imballaggi isolati o impacchi freddi per evitare che i peptidi si degradino durante il trasporto.
- **Considerazioni legali:** A seconda del paese o della regione, lo stato legale dei peptidi può variare. Alcuni peptidi sono disponibili solo con prescrizione medica, mentre altri possono essere acquistati gratuitamente online. Assicurati di comprendere gli aspetti legali dell'acquisto e dell'utilizzo di peptidi nella tua zona o campo di lavoro per evitare potenziali problemi.

3.3 Come somministrare i peptidi

Una volta scelto il peptide giusto e acquistato da una fonte affidabile, il passo successivo è somministrarlo correttamente. I peptidi possono essere somministrati in diversi modi, a seconda del tipo di peptide e della sua destinazione d'uso. I metodi più comuni includono iniezioni, capsule orali e spray nasali.

3.3.1 Iniezioni

La maggior parte dei peptidi viene somministrata tramite iniezione sottocutanea, il che significa che il peptide viene iniettato appena sotto la pelle. Questo metodo garantisce che il peptide entri rapidamente nel flusso sanguigno e inizi a funzionare quasi immediatamente. La somministrazione di iniezioni può sembrare intimidatoria all'inizio, ma con una tecnica adeguata è sicura e relativamente semplice. Ecco come fare:

i. Utilizzare una siringa sterile e prelevare la dose raccomandata del peptide.
   Nota: Pulire il tappo di gomma della fiala con un tampone imbevuto di alcol prima di aspirare la soluzione per evitare contaminazioni.
ii. Pizzica una piccola area di pelle, di solito intorno all'addome o alla coscia e pulisci con un tampone imbevuto di alcol.
iii. Inserire l'ago con un angolo di 45 gradi e iniettare lentamente il peptide.
iv. Smaltisca la siringa in modo sicuro in un contenitore per oggetti taglienti/aghi.

Le iniezioni sono il modo più efficace per fornire peptidi perché bypassano il sistema digestivo, che può scomporre i peptidi e ridurne l'efficacia.

3.3.1.1 Guida passo passo per ricostituire CJC-1295 per iniezione

1. Raccogli le provviste:

- **Fiala CJC-1295**

- **Acqua batteriostatica**: utilizzata per miscelare con il peptide. Quest'acqua contiene una piccola quantità di alcol benzilico per mantenerla sterile dopo l'apertura.

- **Siringa di miscelazione da 10 mL**

- **Siringa da insulina (1 ml):** le siringhe da 30-100 unità funzionano meglio per il dosaggio.

- **Tamponi imbevuti di alcol**: per pulire la parte superiore della fiala e l'area di iniezione.

2. Preparare la fiala CJC-1295 e l'acqua batteriostatica

- Prendi il **tampone imbevuto di alcol** e pulisci il tappo di gomma sulla parte superiore della fiala CJC-1295 per mantenerla sterile.

- Inoltre, strofinare il tappo di gomma sulla fiala d'acqua batteriostatica.

3. Aspirare l'acqua batteriostatica nella siringa

- Utilizzando la siringa miscelatrice da 10 ml, aspirare la quantità desiderata di **acqua batteriostatica** nella siringa. Per un flaconcino **da 5 mg** di CJC-1295, **5 ml di acqua batteriostatica** è una quantità comune da utilizzare per la ricostituzione, in quanto facilita la misurazione delle dosi.

Tuttavia, è importante seguire le istruzioni fornite dal produttore del peptide in quanto potrebbero avere istruzioni specifiche per la ricostituzione.

4. Mescolare l'acqua batteriostatica con CJC-1295

- Inserire la siringa nel **flaconcino di CJC-1295** con una leggera angolazione e spingere lentamente lo stantuffo per rilasciare l'acqua batteriostatica. Lasciare che l'acqua scorra lungo il lato del flaconcino per evitare il contatto diretto con la polvere, che può causare formazione di schiuma o danneggiare il peptide. Estrarre la siringa.

- **Non agitare il flaconcino.** Invece, agita delicatamente o arrotola la fiala tra le mani per aiutare la polvere a dissolversi. Il peptide dovrebbe mescolarsi uniformemente con l'acqua dopo pochi minuti.

5. Calcolare il dosaggio per l'iniezione

- Dopo la ricostituzione con acqua batteriostatica, la soluzione CJC-1295 conterrà **1000 mcg per 0,1 ml (10 unità).**

Quindi, per ottenere una dose di **1000 mcg**, aspira **10 unità sulla siringa** da insulina per iniettare 1000 mcg.

6. Prelevare la dose per iniezione iniettabile

- Pulire il tappo di gomma sul flaconcino di CJC-1295 ricostituito con un tampone imbevuto di alcol.

- Capovolgere la **fiala CJC-1295**, quindi inserire la siringa da insulina nella fiala e prelevare **10 unità (0,1 ml)** della soluzione miscelata per raggiungere la dose di 1000 mcg.

7. Iniettare il peptide (iniezione sottocutanea)

- Utilizzare un tampone imbevuto di alcol per pulire il sito di iniezione, in genere sull'addome a circa 2 pollici di distanza dall'ombelico.

- Pizzica una piccola sezione di pelle, inserisci l'ago con un angolo di 45 gradi e inietta lentamente il peptide.

3.3.2 Capsule orali

Alcuni peptidi sono disponibili in forma orale, ma questo è meno comune. I peptidi sono in genere grandi molecole che vengono scomposte dagli acidi dello stomaco prima di poter essere assorbite nel flusso sanguigno. Tuttavia, i progressi nella formulazione dei peptidi hanno permesso la somministrazione orale di alcuni peptidi, come **BPC-157 o gli agonisti del GLP-1** come **il semaglutide**. Queste capsule sono comode e facili da usare, ma possono essere meno efficaci delle iniezioni, poiché il corpo potrebbe non assorbirle in modo efficiente.

3.3.3 Spray nasali

Un altro metodo di somministrazione di peptidi è attraverso spray nasali. Peptidi come **Semax** o **Selank** vengono spesso somministrati in questo modo perché la cavità nasale consente un rapido assorbimento nel flusso sanguigno senza iniezioni. Gli spray nasali sono facili da usare e non invasivi, il che li rende una buona opzione per le persone che si sentono a disagio con gli aghi. Basta spruzzare la dose prescritta in una o entrambe le narici e il peptide verrà assorbito attraverso i tessuti nasali.

3.4 Linee guida per il dosaggio e peptidi ciclici

Ottenere il giusto dosaggio è essenziale per l'efficacia e la sicurezza della terapia peptidica. Il sovradosaggio può portare a effetti collaterali indesiderati, mentre il sottodosaggio può comportare benefici minimi o nulli. Poiché il dosaggio del peptide varia a seconda del tipo di peptide, dei tuoi obiettivi di salute e della chimica del tuo corpo individuale, segui le linee guida sul dosaggio raccomandato o consulta un operatore sanitario.

- **Inizia con poco e vai piano:** Se sei nuovo con i peptidi, è una buona idea iniziare con una dose bassa e aumentarla gradualmente. Ciò consente al tuo corpo di adattarsi e riduce il rischio di effetti collaterali. Ad esempio, una dose iniziale tipica per **Ipamorelin** potrebbe essere di circa 100-200 mcg per iniezione, assunta 1-2 volte al giorno.

- **Tempistica:** Anche la tempistica della somministrazione dei peptidi è importante. Alcuni peptidi, come quelli usati per il recupero muscolare, sono meglio assunti dopo l'allenamento, mentre altri, come i peptidi che migliorano il sonno, dovrebbero essere assunti prima di coricarsi. Per i peptidi che stimolano il rilascio dell'ormone della crescita, come **CJC-1295** e **Ipamorelin**, si consiglia spesso di assumerli a stomaco vuoto, poiché il cibo può interferire con la loro efficacia.

- **Ciclodiffusione dei peptidi:** per evitare di sviluppare una tolleranza o una desensibilizzazione ai peptidi, è importante ciclarli. Ciò significa utilizzare il peptide per un determinato periodo, ad esempio 4-8 settimane, seguito da una pausa. Il ciclismo non solo impedisce al tuo corpo di adattarsi al peptide, ma dà anche al tuo sistema il tempo di resettare e mantenere il suo equilibrio naturale. Ad esempio, con peptidi come **GHK-Cu** o **BPC-157**, è possibile utilizzarli costantemente per scopi curativi e poi fare una pausa una volta ottenuto l'effetto desiderato.

Il ciclo è particolarmente importante con i peptidi che influenzano i livelli ormonali, come i **peptidi di rilascio dell'ormone della crescita**. L'uso ininterrotto a lungo termine di questi peptidi potrebbe portare a squilibri ormonali o a una diminuzione dei risultati nel tempo. Sii consapevole della necessità di ciclizzare i peptidi e fare delle pause secondo necessità per massimizzare i loro benefici e ridurre al minimo i potenziali rischi.

3.5 Sfide comuni e come superarle

Iniziare e attenersi alla terapia peptidica può comportare alcune sfide, soprattutto per i principianti. Di seguito sono riportate alcune sfide comuni che gli utenti possono incontrare e suggerimenti su come superarle:

Trovare il giusto dosaggio

Determinare il dosaggio corretto può essere complicato, soprattutto perché i dosaggi dei peptidi possono variare a seconda degli obiettivi individuali, del peso corporeo e del tipo di peptidi. Assumerne troppo può portare a effetti collaterali, mentre assumerne troppo poco potrebbe non produrre i risultati desiderati.

Soluzione: Inizia con la dose efficace più bassa come raccomandato dal tuo medico o con le istruzioni sui peptidi in questo libro. Aumentare gradualmente il dosaggio, se necessario, monitorando la risposta dell'organismo. Tieni traccia di eventuali effetti collaterali o miglioramenti e consulta un operatore sanitario se sono necessari aggiustamenti.

Iniezione: paura o disagio

Molti peptidi vengono somministrati attraverso iniezioni sottocutanee, che possono intimidire o mettere a disagio chi non ha familiarità con gli aghi.

Soluzione: Informarsi sulle tecniche di iniezione corrette o chiedere a un operatore sanitario di dimostrarlo. Usa aghi più piccoli per insulina e applica un impacco di ghiaccio per intorpidire l'area prima dell'iniezione. Con il passare del tempo, il processo diventa più di routine e meno intimidatorio.

Mercato non regolamentato dei peptidi

La qualità dei peptidi può variare notevolmente a seconda del fornitore, soprattutto in un mercato non regolamentato in cui alcuni prodotti potrebbero essere contraffatti o contaminati.

Soluzione: acquista sempre peptidi da fonti affidabili che forniscono test di terze parti o certificati di analisi (COA). Affidati a fornitori che hanno una buona reputazione nella comunità dei peptidi e offrono informazioni chiare e trasparenti sui loro prodotti.

Risultati lenti o incoerenti

Alcuni utenti potrebbero sentirsi frustrati se non vedono risultati immediati. Sebbene i peptidi possano offrire benefici significativi, gli effetti potrebbero richiedere diverse settimane o addirittura mesi per diventare evidenti.

Soluzione: la pazienza è fondamentale. I peptidi agiscono gradualmente, in particolare quelli che mirano alla perdita di grasso, alla crescita muscolare o agli effetti anti-invecchiamento. Attieniti al tuo regime, monitora i progressi e regola come. Se i risultati sembrano stagnanti, consultare un professionista della salute per discutere la modifica del dosaggio o dello stack.

Costo della terapia peptidica

Problema: i peptidi possono essere costosi, soprattutto quando si utilizzano più peptidi in uno stack o per lunghi periodi. Per alcuni utenti, il costo può essere proibitivo.

Soluzione: Dai la priorità ai peptidi che si allineano più strettamente con i tuoi obiettivi. Se il costo è un problema, prendi in considerazione l'utilizzo di meno peptidi ma il loro ciclo in modo più strategico per ottenere comunque risultati. Inoltre, tieni d'occhio i fornitori affidabili che offrono sconti per acquisti all'ingrosso o programmi fedeltà.

Gestione degli effetti collaterali

Sebbene i peptidi siano generalmente ben tollerati, alcuni individui possono manifestare lievi effetti collaterali come mal di testa, nausea o gonfiore nel sito di iniezione.

Soluzione: Per ridurre al minimo gli effetti collaterali, iniziare con una dose bassa e aumentare gradualmente. Assicurati di seguire le tecniche di iniezione corrette e di ruotare i siti di iniezione per evitare irritazioni. Se gli effetti collaterali persistono, consultare un operatore sanitario per valutare se è necessario un aggiustamento del dosaggio o l'interruzione temporanea del peptide.

3.6 Errori comuni da evitare quando si avviano i peptidi

Iniziare la terapia peptidica può essere eccitante, ma ci sono alcuni errori comuni che i principianti spesso commettono, che possono influire sull'efficacia del trattamento o portare a effetti collaterali non necessari. Ecco alcune insidie da evitare:

- **Dosaggio errato:** Uno degli errori più frequenti è assumere troppo o troppo poco peptide. Segui sempre le raccomandazioni sul dosaggio del tuo medico o le linee guida del prodotto. L'assunzione di una quantità di denaro superiore a quella raccomandata non accelererà necessariamente i risultati e potrebbe portare a effetti collaterali come mal di testa, affaticamento o nausea.

- **Scarsa conservazione:** I peptidi sono sensibili al calore e alla luce e devono essere conservati correttamente per mantenere la loro potenza. Conservare sempre i peptidi in un luogo fresco e buio e la maggior parte deve essere refrigerata. Se conservati in modo improprio, i peptidi possono degradarsi, rendendoli meno efficaci o addirittura inutili.

- **Saltare le dosi:** La coerenza è fondamentale quando si utilizzano i peptidi. Saltare le dosi o non seguire il programma corretto può ridurre l'efficacia del peptide. Per ottenere i migliori risultati, seguire attentamente il programma di dosaggio raccomandato e impostare promemoria se necessario.

- **Utilizzo di fonti inaffidabili:** l'acquisto di peptidi da fornitori non verificati o di bassa qualità è un errore rischioso. Acquista sempre peptidi da aziende rispettabili che forniscono test di terze parti per garantire la purezza e la sicurezza del prodotto. L'uso di peptidi di bassa qualità o contraffatti può portare a effetti collaterali dannosi e spreco di denaro.

- **Ignorare le linee guida per il ciclismo:** non riuscire a ciclare correttamente i peptidi può portare a una riduzione dell'efficacia e a potenziali effetti collaterali nel tempo. Segui sempre le raccomandazioni per il ciclismo e dai al tuo corpo il tempo di resettare tra i cicli di peptidi.

CAPITOLO 4. SICUREZZA E NORMATIVE

4.1 Sicurezza dei peptidi: comprensione degli effetti collaterali e dei rischi

La terapia peptidica è generalmente considerata sicura, soprattutto quando i peptidi provengono da fornitori affidabili e vengono somministrati correttamente. Tuttavia, come qualsiasi trattamento, i peptidi possono avere effetti collaterali ed è importante comprendere i rischi prima di iniziare la terapia. La maggior parte delle persone sperimenta effetti collaterali minimi o nulli quando utilizza i peptidi, ma le reazioni individuali possono variare in base a fattori quali il dosaggio, il metodo di somministrazione e il peptide specifico utilizzato.

Effetti collaterali comuni:

- **Reazioni al sito di iniezione:** gli effetti collaterali più comuni sono reazioni lievi nel sito di iniezione, come arrossamento, gonfiore o irritazione. Questi sintomi di solito si risolvono rapidamente e non sono motivo di preoccupazione.

- **Mal di testa e affaticamento:** alcuni utenti segnalano mal di testa o affaticamento, soprattutto quando iniziano la terapia peptidica per la prima volta o quando assumono dosi più elevate. In tal caso, è consigliabile ridurre il dosaggio e vedere se i sintomi migliorano.

- **Nausea e problemi digestivi:** alcuni peptidi, in particolare quelli che influenzano il metabolismo o l'appetito (come **il semaglutide**), possono causare nausea o mal di stomaco. Nella maggior parte dei casi, questi effetti collaterali diminuiscono man mano che il corpo si adatta al peptide.

- **Squilibri ormonali:** i peptidi che influenzano i livelli ormonali, come i peptidi di rilascio dell'ormone della crescita, possono causare squilibri ormonali temporanei. Ciò può causare sintomi come ritenzione idrica, dolori articolari o aumento della fame. Se questi sintomi sono gravi o persistono, è importante regolare il dosaggio o fare una pausa dal peptide per consentire al corpo di ripristinarsi.

Effetti collaterali meno comuni, ma gravi:

- **Iperpigmentazione:** peptidi come **Melanotan II**, che stimolano la produzione di melanina, possono causare cambiamenti nella pigmentazione della pelle. Sebbene questo effetto sia desiderato per l'abbronzatura, in rari casi può portare a tonalità della pelle non uniformi o macchie scure.

- **Livelli eccessivi di ormone della crescita:** l'uso eccessivo di peptidi che rilasciano l'ormone della crescita può portare a livelli eccessivi di ormone della crescita, che possono causare effetti collaterali come aumento dei livelli di zucchero nel sangue, sindrome del tunnel carpale o crescita anormale dei tessuti.

- **Reazioni allergiche:** sebbene raro, alcuni individui possono avere una reazione allergica ai peptidi. I sintomi potrebbero includere eruzioni cutanee, prurito o difficoltà respiratorie. In questi casi, interrompere l'uso e consultare immediatamente un medico.

Come ridurre al minimo i rischi:

- **Iniziare con una dose bassa:** quando si inizia la terapia peptidica, iniziare sempre con la dose più bassa raccomandata e aumentare gradualmente secondo necessità. Ciò consente al tuo corpo di adattarsi e riduce il rischio di effetti collaterali.

- **Monitora il tuo corpo:** presta molta attenzione a come il tuo corpo reagisce al peptide. Se si verificano effetti collaterali, consultare un operatore sanitario, regolare il dosaggio o prendere in considerazione l'idea di interrompere temporaneamente il peptide.

- **Consulta un medico o un operatore sanitario:** prima di iniziare qualsiasi regime peptidico, è importante parlare con un operatore sanitario che possa aiutarti a guidarti nella scelta del peptide, del dosaggio e del metodo di somministrazione giusti.

4.2 Considerazioni legali e normative nell'uso dei peptidi

Lo status legale dei peptidi varia a seconda del paese e del peptide specifico in questione. Alcuni peptidi sono approvati per uso medico, mentre altri sono considerati sperimentali o non sono regolamentati, il che crea una zona grigia quando si tratta di acquistarli e utilizzarli.

Prescrizione vs. da banco

In molti paesi, alcuni peptidi, come l'**insulina** o l'**ormone della crescita** (somatropina), sono farmaci soggetti a prescrizione medica. Questi peptidi sono regolamentati grazie ai loro potenti effetti e al potenziale di uso improprio. Ad esempio, l'ormone della crescita è una sostanza controllata in alcuni paesi a causa della sua associazione con il miglioramento delle prestazioni nello sport. Altri peptidi, in particolare quelli più recenti o sperimentali, potrebbero non essere ancora approvati per l'uso terapeutico da organismi di regolamentazione come la **Food and Drug Administration (FDA) statunitense** o l'**Agenzia europea per i medicinali (EMA).**

Regolamento sportivo e antidoping

Gli atleti devono prestare particolare attenzione quando usano i peptidi, poiché molti sono vietati da organizzazioni sportive come l'Agenzia mondiale antidoping (WADA). Peptidi come IGF-1, LR3 o CJC-1295 sono spesso vietati negli sport agonistici perché possono fornire un vantaggio sleale promuovendo la crescita muscolare o migliorando il recupero. Se sei un atleta agonista, assicurati di consultare l'organo di governo del tuo sport o di controllare l'elenco delle sostanze vietate della WADA per evitare sanzioni o squalifiche.

Prodotti chimici per la ricerca

Molti peptidi sono venduti online come prodotti chimici per la ricerca. Ciò significa che sono legalmente disponibili per l'acquisto, ma sono commercializzati solo a scopo di ricerca, non per uso umano. Questa classificazione consente alle aziende di vendere peptidi che non sono stati approvati dalle autorità regolatorie per uso medico o terapeutico. Sebbene questi peptidi possano ancora essere efficaci e sicuri se usati correttamente, l'acquisto comporta il rischio che il prodotto non soddisfi rigorosi standard di sicurezza o purezza.

4.3 Peptidi e FDA: stato attuale dell'approvazione

La **Food and Drug Administration (FDA) degli Stati Uniti** ha approvato un numero limitato di peptidi per uso medico, in particolare per condizioni come diabete, cancro e carenze ormonali. Tuttavia, molti peptidi disponibili oggi sul mercato non sono approvati dalla FDA, il che significa che non sono stati sottoposti ai rigorosi test clinici necessari per confermarne la sicurezza e l'efficacia per l'uso umano. Alcuni dei peptidi che hanno ricevuto l'approvazione della FDA includono insulina, liraglutide, semaglutide e bremelanotide (PT-141).

Peptidi sperimentali

Molti peptidi, compresi quelli utilizzati per l'anti-invecchiamento, la crescita muscolare e il miglioramento cognitivo, non sono stati approvati dalla FDA. Ciò non significa necessariamente che non siano sicuri, ma significa che non sono stati valutati in studi clinici su larga scala per determinarne la sicurezza e l'efficacia a lungo termine. Esempi di peptidi non approvati includono BPC-157, TB-500, CJC-1295 e Ipamorelin.

CAPITOLO 5. PEPTIDI TERAPEUTICI E USI

5.1 Peptidi per la perdita di grasso

La perdita di grasso è uno dei benefici più ricercati della terapia peptidica e ci sono diversi peptidi specificamente progettati per aiutare le persone a perdere grasso preservando la massa muscolare magra. I peptidi utilizzati per la perdita di grasso in genere agiscono aumentando il metabolismo, riducendo l'appetito o migliorando la capacità del corpo di scomporre e utilizzare il grasso immagazzinato.

Ipamorelin

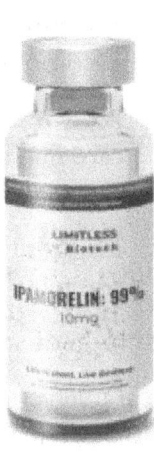

Ipamorelin è un peptide selettivo di rilascio dell'ormone della crescita (GHRP) che ha guadagnato popolarità per la sua capacità di stimolare la produzione dell'ormone della crescita (GH) nel corpo. Ipamorelin aiuta a promuovere la lipolisi (la scomposizione del grasso) aumentando la secrezione dell'ormone della crescita, che migliora il metabolismo e aiuta a ridurre il grasso corporeo. Essendo un peptide relativamente delicato rispetto ad altri GHRP, Ipamorelin offre un vantaggio unico: innesca il rilascio dell'ormone della crescita senza influenzare in modo significativo altri ormoni come il cortisolo o la prolattina. Questo lo rende una scelta eccellente per le persone che cercano la crescita muscolare, la perdita di grasso e il recupero senza gli effetti collaterali di un'eccessiva stimolazione ormonale.

Benefici

Perdita di grasso: Ipamorelin aiuta ad aumentare la lipolisi (disgregazione del grasso) promuovendo il rilascio dell'ormone della crescita, rendendo più facile per gli utenti bruciare i grassi preservando i muscoli.

Conservazione muscolare: mentre promuove la perdita di grasso, Ipamorelin aiuta a preservare la massa muscolare magra, che spesso viene persa durante la dieta.

Miglioramento del metabolismo: Ipamorelin aumenta il tasso metabolico, consentendo al corpo di bruciare più calorie anche a riposo, portando a una perdita di grasso sostenuta nel tempo.

Metodo di consegna

Ipamorelin viene somministrato tramite iniezione sottocutanea, di solito intorno all'addome.

Dosaggio e cicli consigliati

Il dosaggio standard di Ipamorelin è compreso tra **200 e 300 mcg per iniezione**, somministrato 1-3 volte al giorno. La maggior parte degli utenti inizia con una dose più bassa e aumenta gradualmente in base alla loro risposta al peptide.

Viene spesso utilizzato in cicli di **8-12 settimane**, seguiti da una pausa per evitare la desensibilizzazione.

AOD-9604

AOD-9604 è un peptide che ha mostrato un potenziale significativo nella perdita di grasso. È una forma modificata di una regione specifica della molecola dell'ormone della crescita umano responsabile del metabolismo dei grassi. A differenza dell'ormone della crescita, AOD-9604 non aumenta la resistenza all'insulina, rendendolo un'opzione più sicura per chi ha problemi metabolici. AOD-9604 funziona imitando gli effetti bruciagrassi dell'ormone della crescita senza i suoi effetti collaterali negativi, come l'aumento dei livelli di zucchero nel sangue. È stato utilizzato per aiutare le persone a perdere peso, in particolare nella riduzione del grasso corporeo.

Benefici

- **Promuove la disgregazione del grasso**: AOD-9604 stimola la lipolisi, consentendo al corpo di scomporre il grasso in modo più efficace.

- **Non influisce sulla glicemia**: uno dei principali vantaggi di AOD-9604 è la sua capacità di promuovere la perdita di grasso senza influire sul metabolismo dell'insulina o del glucosio, rendendolo adatto a individui con problemi metabolici come il diabete.

- **Migliora la perdita di peso**: l'uso regolare di AOD-9604 può migliorare la perdita di peso complessiva, in particolare nelle aree ostinate come l'addome e le cosce.

Metodo di somministrazione e dosaggio

AOD-9604 viene somministrato tramite iniezione sottocutanea. Il dosaggio tipico per la perdita di grasso è **di 300 mcg al giorno** e può essere utilizzato per 12-16 settimane in cicli di perdita di grasso.

Semaglutide

Semaglutide, originariamente sviluppato per trattare il diabete di tipo 2, ha attirato l'attenzione per i suoi potenti effetti di perdita di grasso. Semaglutide è un agonista del recettore del peptide-1 simile al glucagone (GLP-1) che regola i livelli di insulina e glucosio. Tuttavia, uno dei suoi benefici più significativi è la soppressione dell'appetito. Negli studi clinici, Semaglutide ha dimostrato di aiutare le persone a perdere peso riducendo l'appetito e migliorando la capacità del corpo di elaborare i grassi. Questo peptide è diventato popolare per la perdita di peso, in particolare per le persone che lottano con l'obesità o per coloro che cercano un modo sicuro e non invasivo per controllare l'appetito e perdere peso. Semaglutide agisce rallentando lo svuotamento gastrico, facendo sentire le persone più sazie più a lungo, il che porta a una riduzione dell'apporto calorico e alla perdita di peso.

Benefici

- **Soppressione dell'appetito**: Semaglutide riduce la fame rallentando la digestione, aiutando gli utenti a mangiare naturalmente meno senza sentirsi privati.

- **Miglioramento della perdita di peso**: gli studi clinici hanno dimostrato una significativa perdita di peso negli individui che utilizzano Semaglutide, rendendolo uno dei farmaci più efficaci per la riduzione del peso.

- **Regolazione della glicemia**: oltre a promuovere la perdita di peso, Semaglutide aiuta a regolare i livelli di zucchero nel sangue, che può prevenire picchi di glucosio e insulina, rendendolo particolarmente utile per gli individui con insulino-resistenza.

Modalità di somministrazione e dosaggio consigliato

Semaglutide viene somministrato tramite iniezione sottocutanea, in genere una volta alla settimana.

La dose iniziale è **di 0,25 mg a settimana**, che aumenta gradualmente fino a 1,0 mg a settimana come tollerato. Per la perdita di peso, il trattamento viene solitamente continuato per 16-24 settimane o fino al raggiungimento del peso desiderato.

Tirzepatide

La tirzepatide, un altro agonista del recettore del GLP-1, funziona in modo simile a Semaglutide, ma prende di mira sia i recettori GLP-1 che quelli GIP (polipeptide insulinotropico glucosio-dipendente). Questa doppia azione rende la Tirzepatide ancora più efficace per la perdita di grasso. Migliora la sensibilità all'insulina del corpo, aiuta a regolare i livelli di zucchero nel sangue e riduce significativamente l'appetito, portando a una perdita di grasso più profonda rispetto al solo Semaglutide. La tirzepatide è diventata un peptide molto ricercato per le persone che cercano di perdere quantità significative di peso preservando la massa muscolare e migliorando la salute metabolica generale. È uno dei peptidi più recenti utilizzati per l'obesità e la salute metabolica, offrendo un controllo superiore dell'appetito e una riduzione del grasso.

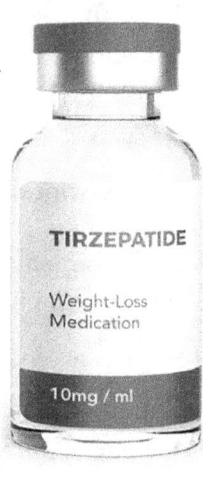

Benefici

Significativa perdita di grasso: studi clinici hanno dimostrato che la tirzepatide porta a una maggiore perdita di grasso rispetto agli agonisti standard del recettore del GLP-1. Aumenta sia l'ossidazione dei grassi che la soppressione dell'appetito, promuovendo una riduzione del peso rapida e sostenuta.

Miglioramento della sensibilità all'insulina: la tirzepatide migliora la sensibilità all'insulina, rendendola un peptide ideale per le persone con insulino-resistenza o diabete di tipo 2.

Salute metabolica: oltre alla perdita di peso, la tirzepatide supporta la salute metabolica generale abbassando i livelli di zucchero nel sangue, riducendo il colesterolo e migliorando la salute cardiovascolare.

Modalità di somministrazione e dosaggio consigliato

La tirzepatide viene iniettata per via sottocutanea una volta alla settimana, iniziando con **2,5 mg a settimana** e aumentando gradualmente fino a **15 mg a settimana** in base alla tolleranza e agli obiettivi di perdita di peso. Viene in genere utilizzato in cicli di **16-24 settimane** per una significativa perdita di grasso.

Tesofensine

La tesofensina è un inibitore della ricaptazione della serotonina-noradrenalina-dopamina (SNDRI) che è stato inizialmente sviluppato come trattamento per malattie neurodegenerative come l'Alzheimer e il Parkinson. Tuttavia, le sue potenti proprietà di soppressione dell'appetito hanno portato al suo sviluppo come agente per la perdita di peso. Aumentando i livelli di neurotrasmettitori come la serotonina, la dopamina e la noradrenalina, la tesofensina riduce l'appetito e aumenta il tasso metabolico, portando alla perdita di peso.

Benefici

Soppressione dell'appetito: la capacità della tesofensina di aumentare i livelli di serotonina e dopamina aiuta a ridurre la fame, rendendo più facile seguire una dieta ipocalorica.

Perdita di grasso: Aumentando il metabolismo e il dispendio energetico, la Tesofensina aiuta il corpo a bruciare più calorie durante il giorno, portando alla perdita di grasso.

Miglioramento dell'umore e della motivazione: l'aumento dei livelli di dopamina può migliorare l'umore e la motivazione, che sono spesso sfide durante i percorsi di perdita di peso.

Modalità di somministrazione e dosaggio consigliato

La tesofensina viene assunta per via orale, con un dosaggio raccomandato di **0,5 mg al giorno**. Per la perdita di peso, in genere viene utilizzato per **12-16 settimane**, con gli utenti che monitorano eventuali effetti collaterali cardiovascolari, come l'aumento della frequenza cardiaca o della pressione sanguigna.

Tesamorelin

La tesamorelina è un analogo dell'ormone di rilascio dell'ormone della crescita (GHRH) che stimola la ghiandola pituitaria a rilasciare più ormone della crescita. È stato utilizzato principalmente per ridurre il grasso viscerale in individui con lipodistrofia associata all'HIV, ma da allora ha guadagnato popolarità per la sua capacità di ridurre il grasso addominale e preservare la massa muscolare nelle popolazioni generali.

Benefici

- **Riduzione del grasso viscerale**: Tesamorelin si rivolge specificamente al grasso viscerale, il grasso immagazzinato intorno agli organi, che è particolarmente pericoloso e difficile da perdere. Gli studi mostrano riduzioni significative del grasso addominale negli individui che utilizzano Tesamorelin.

- **Conservazione muscolare**: la tesamorelina aiuta a preservare la massa muscolare magra durante la perdita di peso, che è spesso una preoccupazione per le persone che cercano di ridurre il grasso senza perdere muscoli.

- **Miglioramento del metabolismo**: stimolando il rilascio dell'ormone della crescita, la tesamorelina aumenta il metabolismo, portando alla perdita di grasso mantenendo la massa muscolare.

Modalità di somministrazione e dosaggio consigliato

Tesamorelin viene somministrato tramite iniezione sottocutanea, di solito una volta al giorno. Il dosaggio tipico è **di 2 mg al giorno: 1 mg** di notte, 90 minuti dopo l'ultimo pasto della giornata e **1 mg** dopo il risveglio.

Spesso viene utilizzato in bicicletta per **12-16 settimane**. Si raccomanda un monitoraggio regolare dei livelli di zucchero nel sangue durante l'uso.

MOTS-C

MOTS-C è un peptide di derivazione mitocondriale che svolge un ruolo importante nella regolazione del metabolismo e della produzione di energia. Migliora la capacità del corpo di bruciare i grassi ottimizzando la funzione mitocondriale, rendendolo un potente peptide per la perdita di peso e migliorando la salute metabolica.

Benefici

Ossidazione dei grassi: MOTS-C aumenta la funzione mitocondriale, che aumenta la capacità del corpo di ossidare i grassi per produrre energia. Questo porta a una maggiore perdita di grasso, in particolare durante l'esercizio.

Miglioramento della sensibilità all'insulina: MOTS-C migliora la risposta del corpo all'insulina, facilitando la regolazione dei livelli di zucchero nel sangue e riducendo l'accumulo di grasso.

Aumento dei livelli di energia: migliorando l'efficienza mitocondriale, MOTS-C migliora i livelli di energia complessivi, rendendo più facile rimanere attivi e mantenere una routine di esercizi durante la perdita di peso.

Metodo di somministrazione e dosaggio

MOTS-C viene somministrato tramite iniezione sottocutanea. Il dosaggio raccomandato è **di 10 mg a settimana**, solitamente suddiviso in 2-3 iniezioni. È comunemente usato in cicli di perdita di grasso di **12-16 settimane** per ottenere i migliori risultati.

5-Ammino 1MQ

Il 5-Amino 1MQ è una piccola molecola che inibisce l'enzima NNMT (nicotinamide N-metiltransferasi), che svolge un ruolo nel rallentare il metabolismo. Inibendo NNMT, il 5-Amino 1MQ stimola il metabolismo cellulare, portando a una maggiore perdita di grasso e a un aumento dei livelli di energia.

Benefici

- **Perdita di grasso**: 5-Amino 1MQ aiuta ad aumentare il tasso metabolico migliorando la capacità del corpo di bruciare i grassi a livello cellulare.

- **Livelli di energia migliorati**: gli utenti spesso segnalano un aumento dell'energia e della vitalità grazie alla funzione cellulare migliorata, che rende più facile rimanere attivi durante i programmi di perdita di grasso.

- **Conservazione della massa magra**: Pur promuovendo la perdita di grasso, il 5-Amino 1MQ aiuta a preservare la massa muscolare, che è fondamentale per mantenere una composizione corporea sana.

Effetti collaterali

- A causa dell'aumento dei livelli di energia, alcuni utenti potrebbero avere difficoltà a dormire se assunti a fine giornata.

Metodo di somministrazione e dosaggio

Il 5-Amino 1MQ viene assunto per via orale in capsule, con un dosaggio raccomandato **di 50-100 mg al giorno**, suddiviso in due dosi. In genere viene utilizzato per **3-4 settimane** in programmi di perdita di grasso, seguiti da una pausa di 1-2 settimane.

5.2 Peptidi per la crescita e le prestazioni muscolari

I peptidi progettati per migliorare la crescita muscolare e le prestazioni sono ampiamente utilizzati da atleti, bodybuilder e appassionati di fitness. Questi peptidi aiutano ad aumentare la massa muscolare, accelerare il recupero e migliorare le prestazioni atletiche complessive stimolando il rilascio dell'ormone della crescita, aumentando la sintesi proteica e riducendo la disgregazione muscolare.

Sermorelin

Sermorelin è una versione sintetica dell'ormone di rilascio dell'ormone della crescita (GHRH), specificamente progettato per stimolare la ghiandola pituitaria a produrre e rilasciare più ormone della crescita. A differenza dell'ormone della crescita umano sintetico (HGH), che introduce ormoni esogeni nel corpo, Sermorelin incoraggia il corpo ad aumentare la propria produzione di ormone della crescita, portando a effetti più naturali e duraturi.

Sermorelin è noto per essere un'alternativa più sicura alla terapia con HGH in quanto stimola le vie ormonali naturali del corpo, riducendo il rischio di livelli eccessivi di ormone della crescita e gli effetti collaterali associati. Il peptide è spesso utilizzato nei protocolli anti-invecchiamento e nei programmi di fitness e prestazioni.

Benefici

Promuove la crescita muscolare: aumentando i livelli dell'ormone della crescita, Sermorelin migliora la sintesi proteica muscolare, consentendo un recupero muscolare più rapido e un aumento della massa muscolare magra.

Aumento del recupero e della guarigione: Sermorelin può accelerare significativamente i tempi di recupero dopo allenamenti intensi o infortuni, consentendo agli atleti di allenarsi più frequentemente senza il rischio di sovrallenamento.

Perdita di grasso e metabolismo: l'aumento dei livelli di ormone della crescita favorisce anche la lipolisi, la scomposizione dei grassi. Questo rende Sermorelin uno strumento prezioso per ridurre il grasso corporeo mantenendo o guadagnando massa muscolare magra.

Miglioramento del sonno e del recupero: l'ormone della crescita raggiunge il picco durante il sonno profondo e Sermorelin aiuta gli utenti a ottenere un sonno più ristoratore, portando a un migliore recupero generale e ringiovanimento fisico.

Modalità di somministrazione e dosaggio consigliato

Sermorelin viene somministrato tramite iniezione sottocutanea, in genere prima di coricarsi per allinearsi con i cicli naturali di rilascio dell'ormone della crescita del corpo.

Il dosaggio tipico è di **200-500 mcg al giorno**, a seconda degli obiettivi dell'utente e della salute generale. Viene spesso utilizzato per **12-16 settimane**, seguito da una pausa per prevenire la desensibilizzazione.

BPC-157

BPC-157 (Body Protection Compound 157) è un potente peptide noto per la sua capacità di promuovere la riparazione muscolare e tissutale. È un peptide derivato da una proteina presente nel succo gastrico.

Sebbene non sia direttamente collegato alla crescita muscolare, BPC-157 accelera il recupero da infortuni e danni muscolari, consentendo agli atleti di tornare ad allenarsi più rapidamente. Agisce promuovendo la guarigione dei tessuti danneggiati, migliorando il flusso sanguigno nelle aree lese e riducendo l'infiammazione. Ciò rende BPC-157 particolarmente utile per chiunque si stia riprendendo da strappi muscolari, lesioni ai tendini o problemi articolari.

Ciò che rende BPC-157 particolarmente unico è la sua capacità di aumentare il flusso sanguigno nelle aree danneggiate, promuovere l'angiogenesi (la formazione di nuovi vasi sanguigni) e accelerare il processo di guarigione sia nelle lesioni acute che in quelle croniche.

Benefici

Riparazione accelerata di muscoli e tessuti: BPC-157 stimola la riparazione di fibre muscolari, tendini e legamenti danneggiati, riducendo significativamente i tempi di recupero per lesioni.

Guarigione di articolazioni e legamenti: oltre alla riparazione muscolare, BPC-157 favorisce la guarigione di tendini e legamenti, che sono notoriamente lenti a guarire. Questo può aiutare a prevenire problemi cronici e migliorare la mobilità e la flessibilità articolare.

Salute e infiammazione dell'intestino: BPC-157 è stato inizialmente studiato per i suoi effetti sulla salute dell'intestino, in particolare nella guarigione delle ulcere e nella riduzione dell'infiammazione nel tratto digestivo. Le sue proprietà antinfiammatorie si estendono a tutto il corpo, rendendolo utile nel ridurre il dolore cronico e l'infiammazione nei muscoli e nelle articolazioni.

Miglioramento del recupero dagli allenamenti: promuovendo una riparazione più rapida dei tessuti e riducendo l'infiammazione, BPC-157 consente agli utenti di recuperare più rapidamente da intense sessioni di allenamento, consentendo allenamenti più frequenti e produttivi.

Modalità di somministrazione e dosaggio consigliato

BPC-157 viene somministrato tramite iniezione sottocutanea, di solito vicino al sito della lesione o del disagio. Per la guarigione sistemica, le iniezioni possono essere effettuate nella zona addominale. Il dosaggio tipico è **di 200-500 mcg per iniezione**, somministrato una o due volte al giorno, a seconda della gravità della lesione e degli obiettivi dell'utente.

Durata del ciclo: BPC-157 può essere utilizzato per periodi da **4 a 12 settimane**, a seconda della gravità della lesione e del progresso della guarigione. Gli utenti dovrebbero fare una pausa dopo ogni ciclo per evitare la desensibilizzazione.

TB-500

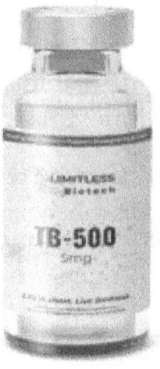

TB-500 è una versione sintetica di un peptide naturale chiamato Thymosin Beta-4, che si trova in quasi tutte le cellule umane. La sua funzione principale è quella di promuovere la riparazione e la rigenerazione dei tessuti aumentando la migrazione e la differenziazione cellulare. TB-500 è particolarmente noto per la sua capacità di guarire lesioni a muscoli, tendini, legamenti e persino organi. È comunemente usato nello sport e nel fitness per le sue notevoli proprietà di miglioramento del recupero e la sua capacità di ridurre l'infiammazione.

Svolge un ruolo importante nell'angiogenesi (la formazione di nuovi vasi sanguigni), nella guarigione delle ferite e nella riduzione dell'accumulo di tessuto cicatriziale. Ciò lo rende particolarmente prezioso per gli atleti e le persone che si stanno riprendendo da lesioni fisiche, interventi chirurgici o infiammazioni croniche. Aiuta anche a migliorare la flessibilità e la mobilità facilitando la guarigione di tendini e legamenti, che sono lenti a ripararsi naturalmente.

Benefici

Recupero accelerato dalle lesioni: TB-500 promuove una guarigione più rapida incoraggiando la migrazione delle cellule verso il sito della lesione. Supporta la riparazione di muscoli, tendini, legamenti e persino del sistema cardiovascolare. Questo aiuta ad accelerare i tempi di recupero sia per le lesioni acute che per quelle croniche.

Miglioramento della flessibilità e della mobilità: TB-500 aiuta la guarigione di tendini e legamenti, il che può portare a un miglioramento della flessibilità articolare e della gamma di movimento.

Infiammazione ridotta: TB-500 ha potenti proprietà antinfiammatorie che aiutano a ridurre il gonfiore, il dolore e l'infiammazione sia nelle lesioni acute che nelle condizioni croniche come l'artrite. Ciò consente agli utenti di guarire più rapidamente e con meno disagio.

Salute cardiovascolare: promuovendo l'angiogenesi e la rigenerazione dei tessuti, TB-500 può anche supportare la salute cardiovascolare migliorando il flusso sanguigno e guarendo i vasi sanguigni danneggiati.

Metodo di consegna

TB-500 viene somministrato tramite iniezione sottocutanea, con gli utenti che in genere iniettano il peptide vicino al sito della lesione per effetti localizzati. Per il recupero generale, le iniezioni possono essere somministrate nella zona addominale.

Dosaggio e cicli consigliati

Il dosaggio tipico di TB-500 varia da **2 a 5 mg a settimana**, suddiviso in **2-3 iniezioni**. Per gli utenti che cercano di accelerare il recupero, la fase di carico consiste solitamente in **4-5 mg a settimana** per le prime **4-6 settimane**.

- **Fase di mantenimento**: Dopo la fase di carico iniziale, il dosaggio può essere ridotto a **2-3 mg a settimana** per mantenere gli effetti del peptide e continuare a sostenere il recupero.

I cicli TB-500 durano in genere tra le **4 e le 8 settimane**, a seconda della gravità della lesione e delle esigenze di recupero dell'utente.

IGF-1 LR3

IGF-1 LR3 (Insulin-like Growth Factor-1 Long R3) è un peptide che promuove direttamente la crescita muscolare. L'IGF-1 è un ormone prodotto naturalmente dal fegato in risposta alla stimolazione dell'ormone della crescita. È responsabile di molti degli effetti anabolici dell'ormone della crescita, come l'aumento della sintesi proteica e la promozione della proliferazione delle cellule muscolari.

IGF-1 LR3 è una versione modificata di IGF-1 con un'emivita più lunga, che gli consente di rimanere attivo nel corpo per un periodo prolungato. Ciò significa che gli utenti sperimentano una crescita muscolare e una perdita di grasso più sostenuta. Atleti e bodybuilder usano comunemente IGF-1 LR3 per costruire massa muscolare, migliorare la forza e migliorare le prestazioni fisiche complessive. Aumenta anche la sintesi proteica e promuove l'assorbimento degli aminoacidi nelle cellule, migliorando ulteriormente la crescita e il recupero muscolare.

Benefici

Crescita muscolare e ipertrofia: IGF-1 LR3 promuove una crescita muscolare significativa aumentando le dimensioni e il numero di fibre muscolari. Attiva le cellule satelliti, essenziali per la riparazione muscolare e l'ipertrofia, rendendolo una scelta popolare tra i bodybuilder e gli atleti che cercano di massimizzare i guadagni muscolari.

Recupero migliorato: IGF-1 LR3 accelera il recupero promuovendo la sintesi proteica e la riparazione dei tessuti danneggiati. Ciò consente agli atleti di recuperare più rapidamente da sessioni di allenamento intense, riducendo i tempi di inattività e il rischio di infortuni.

Miglioramento della forza e delle prestazioni: aumentando la massa muscolare e promuovendo il recupero, IGF-1 LR3 migliora la forza complessiva e le prestazioni atletiche, rendendolo ideale per l'allenamento della forza e gli sport competitivi.

Perdita di grasso: l'IGF-1 LR3 ha anche proprietà bruciagrassi, in quanto aumenta il metabolismo e favorisce la scomposizione delle riserve di grasso per produrre energia. Questo aiuta gli utenti a ottenere un fisico più snello mentre costruiscono muscoli.

Metodo di somministrazione e dosaggio

L'IGF-1 LR3 viene tipicamente somministrato tramite iniezione sottocutanea o intramuscolare. A causa della sua emivita più lunga rispetto al normale IGF-1, sono necessarie meno iniezioni per mantenere livelli stabili.

Dosaggio: Il dosaggio standard varia da **20 a 100 mcg al giorno**, con i principianti che iniziano dall'estremità inferiore per valutare la tolleranza. Gli utenti più esperti possono aumentare la dose secondo necessità per promuovere una maggiore crescita muscolare.

- **Durata del ciclo**: L'IGF-1 LR3 viene comunemente utilizzato per **4-6 settimane**, seguito da una pausa per evitare potenziali effetti collaterali e per consentire ai livelli naturali di IGF-1 del corpo di tornare alla normalità.

DSIP

Il **DSIP, o Delta Sleep-Inducing Peptide**, è un neuropeptide noto per la sua capacità di promuovere un sonno ristoratore, in particolare il sonno profondo, essenziale per il recupero e la riparazione dei tessuti. Scoperto negli anni '70, il DSIP ha attirato l'attenzione per il suo potenziale nel migliorare la qualità del sonno, ridurre lo stress e sostenere il recupero negli atleti e nelle persone con disturbi del sonno. A differenza dei tradizionali ausili per il sonno, il DSIP agisce regolando il ciclo sonno-veglia e migliorando i meccanismi naturali del sonno del corpo, piuttosto che sedare l'utente.

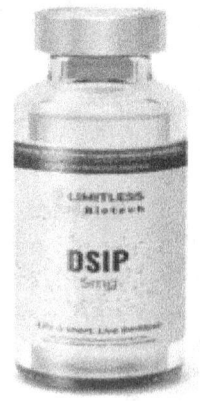

Il sonno svolge un ruolo fondamentale nel recupero, soprattutto per coloro che sono impegnati in un intenso allenamento fisico o nel recupero da infortuni. La capacità del DSIP di promuovere un sonno profondo e riposante lo rende particolarmente prezioso per gli atleti e le persone che cercano di ottimizzare il recupero muscolare, la crescita e la salute generale.

Benefici

Qualità del sonno: il DSIP promuove un sonno più profondo e ristoratore regolando il ritmo circadiano del corpo e incoraggiando l'inizio del sonno a onde lente (sonno profondo). Ciò consente il recupero e riduce il rischio di disturbi del sonno.

Recupero migliorato: poiché il corpo rilascia la maggior parte dell'ormone della crescita durante il sonno profondo, il DSIP migliora indirettamente il recupero e la crescita muscolare supportando migliori cicli di sonno. Ciò è particolarmente vantaggioso per gli atleti che necessitano di un recupero ottimale dopo un allenamento intenso.

Riduzione dello stress: è stato dimostrato che il DSIP riduce i livelli di stress e ansia, che possono interferire con la qualità del sonno e il recupero. Promuovendo il rilassamento, il DSIP aiuta le persone ad addormentarsi più facilmente e a rimanere addormentate più a lungo.

Modalità di somministrazione e dosaggio consigliato

Il DSIP viene somministrato tramite iniezione sottocutanea,

Dosaggio: Il dosaggio standard di DSIP è di **100-200 mcg al giorno**, somministrato circa 30-60 minuti prima di coricarsi.

- **Durata del ciclo**: Il DSIP può essere utilizzato su base continua per diverse settimane o mesi, anche se spesso viene utilizzato per **4-6 settimane**.

GHRP-2

GHRP-2 (Growth Hormone Releasing Peptide-2) è un potente secretagogo dell'ormone della crescita che stimola la ghiandola pituitaria a rilasciare più ormone della crescita (GH). È uno dei GHRP più potenti disponibili ed è ampiamente utilizzato per promuovere la crescita muscolare, la perdita di grasso e il recupero. GHRP-2 agisce imitando gli effetti della grelina, un ormone che stimola la fame, e legandosi a recettori specifici nella ghiandola pituitaria, portando ad un aumento della secrezione dell'ormone della crescita.

Benefici

Aumento dei livelli dell'ormone della crescita: GHRP-2 aumenta significativamente il rilascio dell'ormone della crescita, che porta alla crescita muscolare, al miglioramento del recupero e all'aumento della forza.

Crescita e recupero muscolare: livelli più elevati di ormone della crescita promuovono la sintesi proteica muscolare e la riparazione dei tessuti, consentendo agli utenti di recuperare più rapidamente da intense sessioni di allenamento e costruire massa muscolare magra.

Perdita di grasso: GHRP-2 promuove la disgregazione dei grassi aumentando il tasso metabolico del corpo e incoraggiando l'uso del grasso immagazzinato per produrre energia. Questo lo rende un peptide efficace per migliorare la composizione corporea.

Miglioramento del sonno: come molti peptidi di rilascio dell'ormone della crescita, GHRP-2 migliora la qualità del sonno, in particolare il sonno profondo, che è essenziale per il recupero muscolare e la salute generale.

Metodo di somministrazione e dosaggio

GHRP-2 viene somministrato tramite iniezione sottocutanea, tipicamente nella zona addominale. Può anche essere utilizzato in combinazione con altri peptidi come CJC-1295 per massimizzare il rilascio dell'ormone della crescita.

- **Dosaggio**: Il dosaggio raccomandato è **di 100-300 mcg per iniezione**, assunto 1-3 volte al giorno. Per ottenere i migliori risultati, le iniezioni devono essere effettuate a stomaco vuoto per evitare interferenze con l'insulina.
- **Durata del ciclo**: Il GHRP-2 viene comunemente utilizzato per **8-12 settimane**, seguito da una pausa.

GHRP-6

GHRP-6 (Growth Hormone Releasing Peptide-6) è un altro potente secretagogo dell'ormone della crescita che stimola il rilascio dell'ormone della crescita dalla ghiandola pituitaria. Come il GHRP-2, il GHRP-6 imita gli effetti della grelina, un ormone che regola la fame e stimola il rilascio di GH. Tuttavia, il GHRP-6 è spesso preferito per la sua maggiore capacità di aumentare l'appetito, rendendolo una scelta popolare tra le persone che cercano di aumentare la massa muscolare e migliorare il recupero.

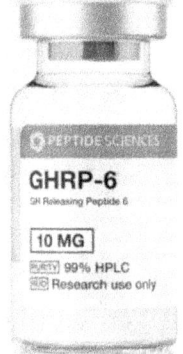

GHRP-6 è comunemente usato nei programmi di costruzione muscolare, in quanto promuove la crescita muscolare, il recupero e supporta la perdita di grasso.

Benefici

Aumento del rilascio dell'ormone della crescita: GHRP-6 innesca un rilascio significativo dell'ormone della crescita, che promuove la crescita muscolare, la perdita di grasso e un recupero più rapido.

Crescita e riparazione muscolare: aumentando i livelli dell'ormone della crescita, GHRP-6 migliora la sintesi proteica muscolare e la riparazione dei tessuti, consentendo agli utenti di recuperare più rapidamente e costruire massa muscolare magra.

Aumento dell'appetito: uno dei principali vantaggi del GHRP-6 è la sua capacità di stimolare l'appetito, rendendolo ideale per le persone che lottano per consumare abbastanza calorie per la crescita muscolare.

Perdita di grasso: GHRP-6 promuove la lipolisi (disgregazione del grasso), rendendolo uno strumento utile per migliorare la composizione corporea riducendo il grasso e aumentando la massa muscolare.

Miglioramento del sonno: GHRP-6 migliora la qualità del sonno, in particolare il sonno profondo, che è essenziale per il recupero muscolare e la salute generale.

Metodo di somministrazione e dosaggio

GHRP-6 viene somministrato tramite iniezione sottocutanea, di solito 1-3 volte al giorno. Viene spesso utilizzato in combinazione con altri peptidi per migliorare la crescita e il recupero muscolare.

Dosaggio: Il dosaggio tipico è **di 100-300 mcg per iniezione**, assunto 1-3 volte al giorno. Per ottenere risultati ottimali, il GHRP-6 deve essere somministrato a stomaco vuoto, poiché il cibo (soprattutto carboidrati e grassi) può interferire con i suoi effetti.

Durata del ciclo: Il GHRP-6 viene in genere utilizzato per **8-12 settimane**, seguite da una pausa.

Hexarelin

Hexarelin è uno dei GHRP più potenti disponibili, noto per la sua forte capacità di stimolare il rilascio dell'ormone della crescita. È un peptide sintetico che imita gli effetti della grelina e si lega a recettori specifici nella ghiandola pituitaria, causando un aumento dei livelli dell'ormone della crescita. Hexarelin è spesso utilizzata per la crescita muscolare, il recupero e la perdita di grasso, ma ha anche benefici unici per la salute cardiovascolare.

Una delle caratteristiche distintive dell'Hexarelin è la sua potenza in quanto può causare un rilascio più pronunciato e prolungato dell'ormone della crescita rispetto ad altri GHRP come GHRP-2 o GHRP-6. Questo lo rende molto efficace per le persone che cercano una rapida crescita e recupero muscolare, anche se dovrebbe essere usato con cautela a causa della sua potenza.

Benefici

Rilascio significativo dell'ormone della crescita: Hexarelin è nota per la sua potente capacità di stimolare il rilascio dell'ormone della crescita, che porta ad un aumento della crescita muscolare, alla perdita di grasso e a un migliore recupero.

Crescita e riparazione muscolare: promuovendo livelli più elevati di ormone della crescita, Hexarelin migliora la sintesi proteica muscolare e accelera la riparazione dei tessuti.

Perdita di grasso: Hexarelin promuove il metabolismo dei grassi aumentando il tasso metabolico del corpo e incoraggiando la scomposizione delle riserve di grasso per produrre energia. Questo aiuta gli utenti a ottenere un fisico più snello mentre costruiscono muscoli.

Miglioramento della salute cardiovascolare: Hexarelin ha mostrato potenziali benefici per la salute cardiovascolare migliorando la funzione cardiaca e riducendo il rischio di problemi cardiaci. Promuove la guarigione del tessuto cardiaco e può supportare il recupero in individui con condizioni cardiovascolari.

Metodo di somministrazione e dosaggio

Hexarelin viene somministrata tramite iniezione sottocutanea. A causa della sua potenza, dosi più basse sono spesso raccomandate per chi è nuovo ai GHRP.

Dosaggio: Il dosaggio raccomandato è **di 100-200 mcg per iniezione**, assunto 1-2 volte al giorno. A causa dei suoi forti effetti sul rilascio dell'ormone della crescita, dosi più basse sono spesso sufficienti per ottenere i risultati desiderati.

Durata del ciclo: Hexarelin viene in genere utilizzata in bicicletta per **4-6 settimane** seguite da una pausa.

PEG-MGF

PEG-MGF (Pegylated Mechano Growth Factor) è una versione modificata di IGF-1 che è principalmente responsabile della riparazione e della rigenerazione dei tessuti muscolari dopo un intenso esercizio fisico. Il fattore di crescita meccanico (MGF) viene prodotto naturalmente nel corpo in risposta a danni muscolari o sovraccarichi meccanici (come il sollevamento pesi). PEG-MGF è una forma pegilata di MGF, il che significa che è stato modificato per avere un'emivita più lunga, consentendogli di rimanere attivo nel flusso sanguigno più a lungo e promuovere una crescita e una riparazione muscolare più sostenuta.

Benefici

Riparazione muscolare: PEG-MGF promuove la riparazione e la rigenerazione dei tessuti muscolari dopo i danni indotti dall'esercizio, consentendo un recupero più rapido e una crescita muscolare più significativa.

Crescita muscolare e ipertrofia: attivando le cellule satelliti (i precursori delle cellule muscolari), PEG-MGF incoraggia la crescita di nuove fibre muscolari, portando ad un aumento delle dimensioni e della forza muscolare.

Recupero migliorato: PEG-MGF riduce i tempi di recupero dopo intense sessioni di allenamento, consentendo agli atleti di allenarsi più frequentemente senza sovrallenamento o rischio di lesioni.

Emivita più lunga: più lunga è l'emivita dell'MGF che consente effetti più sostenuti sulla crescita e sul recupero muscolare.

Metodo di somministrazione e dosaggio

Il PEG-MGF viene tipicamente somministrato tramite iniezione sottocutanea o intramuscolare, a seconda delle preferenze e degli obiettivi dell'utente.

Dosaggio: Il dosaggio raccomandato per PEG-MGF è **di 200-400 mcg per iniezione**, assunto **2-3 volte a settimana**. Viene spesso iniettato dopo l'allenamento per massimizzare i suoi effetti sulla riparazione e sul recupero muscolare.

Durata del ciclo: PEG-MGF viene comunemente utilizzato per **4-6 settimane**, con una pausa.

MK-677

MK-677, noto anche come Ibutamoren, è un secretagogo dell'ormone della crescita attivo per via orale che imita l'azione della grelina, un ormone della fame, e stimola il rilascio dell'ormone della crescita (GH) e del fattore di crescita insulino-simile 1 (IGF-1). A differenza di molti altri peptidi che richiedono iniezioni, MK-677 offre la comodità della somministrazione orale.

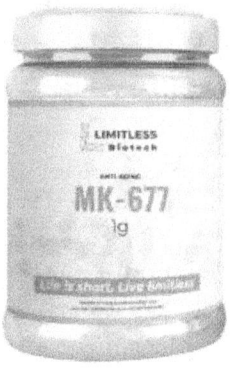

MK-677 è unico in quanto stimola il rilascio dell'ormone della crescita senza influenzare in modo significativo il cortisolo o altri ormoni dello stress, rendendolo un'opzione più sicura ed equilibrata per l'uso a lungo termine. La sua capacità di mantenere costanti i livelli dell'ormone della crescita per 24 ore dopo una singola dose lo rende altamente efficace per la costruzione muscolare e la riduzione.

Benefici

Crescita muscolare e ipertrofia: MK-677 aumenta il rilascio dell'ormone della crescita e dell'IGF-1, entrambi necessari per la sintesi proteica muscolare e l'ipertrofia muscolare.

Perdita di grasso: Promuovendo la scomposizione del grasso immagazzinato per produrre energia (lipolisi) e aumentando il tasso metabolico, MK-677 aiuta a ridurre il grasso corporeo preservando la massa muscolare. La sua capacità di migliorare la composizione corporea lo rende popolare sia per le fasi di bulking che di cutting.

Recupero: l'ormone della crescita svolge un ruolo chiave nella riparazione e nel recupero dei tessuti. MK-677 aiuta il recupero da allenamenti intensi accelerando la riparazione muscolare, riducendo l'indolenzimento muscolare e migliorando il tempo di recupero complessivo.

Miglioramento della densità ossea: è stato dimostrato che MK-677 aumenta la densità ossea, il che è importante per gli atleti e le persone anziane che cercano di mantenere ossa forti e sane.

Aumento dell'appetito: grazie ai suoi effetti che imitano la grelina, MK-677 aumenta l'appetito, il che può essere utile per le persone che cercano di consumare più calorie per la crescita muscolare.

Metodo di somministrazione e dosaggio

MK-677 viene assunto per via orale, tipicamente sotto forma di capsule o compresse. Questo lo rende uno dei peptidi più convenienti per gli utenti che preferiscono evitare le iniezioni.

Dosaggio: Il dosaggio raccomandato di MK-677 è di **10-25 mg al giorno**. I principianti in genere iniziano con una dose più bassa (10 mg) e aumentano gradualmente in base alla loro tolleranza e agli effetti desiderati.

Durata del ciclo: MK-677 viene spesso utilizzato per **8-12 settimane**, anche se alcuni utenti estendono i loro cicli a **16 settimane** per una crescita muscolare e una perdita di grasso più significative.

Ipamorelin

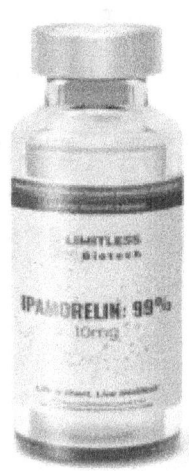

Ipamorelin è un peptide selettivo di rilascio dell'ormone della crescita (GHRP) che stimola il rilascio dell'ormone della crescita dalla ghiandola pituitaria senza influenzare in modo significativo altri ormoni come il cortisolo o la prolattina. È uno dei GHRP più lievi e meglio tollerati, il che lo rende una scelta popolare per le persone che cercano di aumentare i livelli dell'ormone della crescita per la crescita muscolare, la perdita di grasso e un migliore recupero con effetti collaterali minimi.

A differenza di altri GHRP che possono portare a picchi di ormoni dello stress o della fame, Ipamorelin fornisce un rilascio più mirato e controllato dell'ormone della crescita. Questo lo rende particolarmente prezioso per gli atleti e le persone che cercano miglioramenti graduali e duraturi nella crescita e nel recupero muscolare senza il rischio di squilibri ormonali.

Benefici

Crescita e recupero muscolare: Ipamorelin promuove la sintesi proteica muscolare e aiuta la riparazione dei tessuti aumentando i livelli dell'ormone della crescita.

Perdita di grasso: l'ormone della crescita svolge un ruolo chiave nel metabolismo dei grassi e Ipamorelin migliora la lipolisi (disgregazione dei grassi) stimolando il rilascio dell'ormone della crescita. Questo porta a un miglioramento della composizione corporea, con riduzione del grasso corporeo e conservazione della massa muscolare magra.

Nessun impatto sul cortisolo o sulla prolattina: uno dei principali vantaggi dell'Ipamorelin rispetto ad altri GHRP è la sua mancanza di effetti significativi sui livelli di cortisolo e prolattina, il che significa meno effetti collaterali come l'aumento dello stress o le fluttuazioni ormonali indesiderate.

Modalità di somministrazione e dosaggio consigliato

Ipamorelin viene somministrata tramite iniezione sottocutanea, tipicamente nella zona addominale.

Dosaggio: Il dosaggio standard di Ipamorelin è di **200-300 mcg per iniezione**, assunto **1-3 volte al giorno**. Per la maggior parte degli utenti, è sufficiente iniziare con un'iniezione giornaliera, con dosi più elevate riservate alle persone che cercano un rilascio più pronunciato dell'ormone della crescita.

Durata del ciclo: Ipamorelin è comunemente usata in cicli di **8-12 settimane**, seguiti da una pausa.

CJC-1295

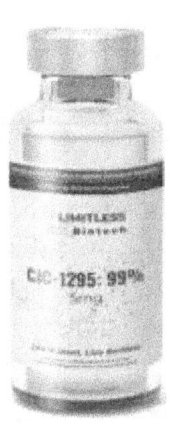

CJC-1295 è un analogo dell'ormone di rilascio dell'ormone della crescita (GHRH) a lunga durata d'azione che stimola il rilascio dell'ormone della crescita dalla ghiandola pituitaria. È noto per la sua capacità di fornire un rilascio prolungato dell'ormone della crescita nel tempo, rendendolo un potente peptide per la crescita muscolare, la perdita di grasso e i benefici anti-invecchiamento. La lunga emivita del peptide significa che gli utenti possono sperimentare il rilascio continuo dell'ormone della crescita senza frequenti iniezioni, rendendolo un'opzione conveniente per l'uso a lungo termine.

Benefici

Rilascio dell'ormone della crescita: CJC-1295 fornisce un rilascio prolungato dell'ormone della crescita per diversi giorni, riducendo la necessità di iniezioni frequenti.

Questo rilascio prolungato favorisce la crescita muscolare, il metabolismo dei grassi e il recupero fisico generale.

Crescita muscolare: aumentando i livelli dell'ormone della crescita, CJC-1295 aiuta a stimolare la sintesi proteica muscolare e la riparazione dei tessuti, rendendolo una scelta popolare per i bodybuilder e gli atleti che cercano di migliorare la massa muscolare e il recupero.

Perdita di grasso: l'ormone della crescita svolge un ruolo chiave nel metabolismo dei grassi e CJC-1295 supporta la perdita di grasso promuovendo la lipolisi. Gli utenti spesso segnalano una diminuzione del grasso corporeo, in particolare nelle aree ostinate come l'addome e le cosce.

Anti-invecchiamento: la capacità di CJC-1295 di aumentare i livelli dell'ormone della crescita aiuta a ridurre i segni visibili dell'invecchiamento, come rughe e rilassamento cutaneo. Supporta anche la produzione di collagene, che migliora l'elasticità della pelle e la salute generale della pelle.

Dosaggio raccomandato

CJC-1295 viene somministrato tramite **iniezione sottocutanea**.

Il dosaggio standard per CJC-1295 è **di 100-200 mcg (1 mg)** per iniezione, somministrato **1-2 volte a settimana**. Il peptide viene spesso utilizzato in cicli di 8-12 settimane, seguiti da una pausa.

5.3 Peptidi per la salute del cervello e le prestazioni cognitive

La salute del cervello e le prestazioni cognitive sono diventate un'area di ricerca sempre più popolare nella terapia peptidica, poiché molte persone cercano modi per aumentare la memoria, la concentrazione e la funzione cerebrale in generale. I peptidi di questa categoria sono progettati per migliorare la chiarezza mentale, sostenere la salute dei neuroni e migliorare le prestazioni cognitive, rendendoli utili per tutti, dagli studenti e professionisti agli anziani preoccupati per il declino cognitivo.

Semax

Semax è un peptide sintetico derivato dall'ormone adrenocorticotropo (ACTH) ma senza alcuna attività ormonale. Sviluppato in Russia negli anni '80 per le sue proprietà neuroprotettive e di potenziamento cognitivo, Semax ha guadagnato popolarità per la sua capacità di migliorare la funzione cerebrale, migliorare la memoria e promuovere la neuroplasticità.

È ampiamente utilizzato per il potenziamento cognitivo, la regolazione dell'umore e nel trattamento di varie condizioni neurologiche. È stato anche usato per trattare condizioni come l'ADHD e la depressione, grazie alle sue proprietà neuroprotettive e alla capacità di regolare i livelli di dopamina.

Semax è considerato un nootropo, il che significa che migliora la funzione cognitiva, in particolare in aree come la memoria, l'apprendimento e la chiarezza mentale. È anche noto per la sua capacità di aumentare la produzione di fattore neurotrofico derivato dal cervello (BDNF), una proteina che supporta la crescita, lo sviluppo e il mantenimento dei neuroni.

Benefici

Prestazioni cognitive: Semax è noto per migliorare la conservazione della memoria, le capacità di apprendimento e la chiarezza mentale generale. Migliora le prestazioni cognitive sia negli individui sani che in quelli che soffrono di declino cognitivo.

Neuroprotezione: aumentando i livelli di BDNF, Semax supporta la salute e la crescita dei neuroni, proteggendo il cervello dai danni causati da stress, tossine o condizioni neurologiche.

Regolazione dell'umore: Semax ha dimostrato di regolare l'umore e ridurre i sintomi di ansia e depressione. Promuove un senso di benessere e stabilità emotiva modulando i livelli di dopamina e serotonina nel cervello.

Concentrazione e vigilanza: gli utenti spesso segnalano un miglioramento della concentrazione, dell'attenzione e dell'energia mentale quando utilizzano Semax, rendendolo un peptide ideale per le persone che hanno bisogno di rimanere vigili e acute per periodi prolungati.

Modalità di somministrazione e dosaggio consigliato

Semax è più comunemente somministrato per via intranasale, il che consente un rapido assorbimento nel cervello. Può anche essere iniettato per via sottocutanea, anche se la somministrazione nasale è preferita per i benefici cognitivi.

Dosaggio: Il dosaggio nasale tipico di Semax è di **100-300 mcg per spray**, usato **1-2 volte al giorno**. Spesso è sufficiente uno spruzzo in ciascuna narice una o due volte al giorno.

Avrai bisogno di 300 mcg di Semax per spruzzo se il tuo flacone contiene 30 mg di Semax in una soluzione da 10 ml.

Dosaggio di **100-300 mcg** una volta al giorno se iniettato **per via sottocutanea**.

Durata del ciclo: Semax può essere utilizzato ininterrottamente per **2-4 settimane**, seguito da una pausa. Può anche essere utilizzato in modo intermittente, a seconda delle esigenze cognitive o dell'umore dell'utente.

Selank

Selank è un peptide sintetico derivato dal peptide naturale tuftsin, che svolge un ruolo nella funzione immunitaria. Sviluppato in Russia, Selank è utilizzato principalmente per le sue proprietà ansiolitiche (ansiolitiche) e di potenziamento cognitivo. È stato dimostrato che riduce l'ansia, migliora l'umore e migliora le prestazioni cognitive senza causare la sedazione o la dipendenza associate ai tradizionali farmaci ansiolitici.

Selank modula i livelli di neurotrasmettitori nel cervello, in particolare serotonina, dopamina e noradrenalina, tutti coinvolti nella regolazione dell'umore, dello stress e della funzione cognitiva. Questo lo rende un peptide prezioso per le persone che cercano di migliorare la chiarezza mentale, ridurre l'ansia e migliorare il loro senso generale di benessere.

Benefici

Riduce l'ansia: Selank è molto efficace nel ridurre i sintomi dell'ansia e promuovere la stabilità emotiva senza gli effetti sedativi dei tradizionali farmaci ansiolitici. Calma la mente consentendo agli utenti di rimanere vigili e concentrati.

Funzione cognitiva: oltre alle sue proprietà ansiolitiche, Selank migliora le prestazioni cognitive, in particolare nelle aree della memoria, dell'apprendimento e della concentrazione. Viene spesso utilizzato da individui che cercano di migliorare la chiarezza mentale e la resistenza cognitiva.

Stabilizzazione dell'umore: è stato dimostrato che Selank stabilizza l'umore e riduce i sintomi della depressione. Regolando i livelli di serotonina e dopamina, favorisce un senso di calma ed equilibrio emotivo.

Supporto del sistema immunitario: È interessante notare che Selank ha anche effetti immunomodulatori, sostenendo il sistema immunitario e aiutando il corpo a rispondere in modo più efficace allo stress.

Rischi ed effetti collaterali

Selank è ben tollerato e ha un basso rischio di effetti collaterali, il che lo rende un'opzione interessante per le persone che cercano soluzioni ansiolitiche naturali e di miglioramento cognitivo. Tuttavia, alcuni utenti potrebbero riscontrare:

- **Irritazione nasale**: se usato per via intranasale, possono verificarsi lievi irritazioni o disagio nei passaggi nasali.
- **Sonnolenza**: in rari casi, alcuni utenti possono sentirsi leggermente assonnati, in particolare quando si utilizzano dosi più elevate di Selank.

Metodo di somministrazione e dosaggio

Selank viene tipicamente somministrato **per via intranasale**, consentendo un rapido assorbimento nel flusso sanguigno e nel cervello. Può anche essere somministrato tramite iniezione sottocutanea, anche se lo spray nasale è il metodo preferito.

Dosaggio: Il dosaggio nasale tipico di Semax è di **250-500 mcg per spray**, usato **1-3 volte al giorno**. Spesso è sufficiente uno spruzzo in ciascuna narice, una o due volte al giorno.

Dosaggio di **100-300 mcg** una volta al giorno se iniettato **per via sottocutanea**.

Durata del ciclo: Selank può essere utilizzato ininterrottamente per **4-6 settimane**, anche se molti utenti preferiscono usarlo in base alle necessità per alleviare l'ansia o supportare le cognizioni.

Dihexa

Dihexa è un altro peptide che sta guadagnando attenzione per il suo potenziale nel promuovere la salute del cervello. Dihexa è un neuropeptide che può attraversare la barriera emato-encefalica, permettendogli di influenzare direttamente la funzione cerebrale. È noto per promuovere la crescita di nuove sinapsi, le connessioni tra i neuroni, che sono fondamentali per l'apprendimento e la memoria. La capacità di Dihexa di aiutare la formazione sinaptica lo rende particolarmente utile per le persone che cercano di migliorare le prestazioni cognitive o prevenire il declino cognitivo associato all'invecchiamento o alle malattie neurodegenerative.

Metodo di somministrazione e dosaggio

Dehexa viene comunemente somministrato tramite applicazione transdermica.

Dosaggio: Il dosaggio tipico di Dihexa è di **8-40 mg** usato **una volta al giorno**.

Cerebrolysin

Cerebrolysin è una miscela peptidica che contiene fattori neurotrofici noti per stimolare la crescita dei neuroni e proteggere dai danni alle cellule cerebrali. È stato usato in Europa per trattare il morbo di Alzheimer, l'ictus, le lesioni cerebrali traumatiche e il declino cognitivo. Cerebrolysin agisce promuovendo la riparazione e la rigenerazione delle cellule cerebrali, migliorando la funzione cognitiva e rallentando la progressione delle malattie neurodegenerative. È particolarmente utile per gli anziani che cercano di preservare le proprie capacità cognitive e mantenere l'acutezza mentale con l'avanzare dell'età.

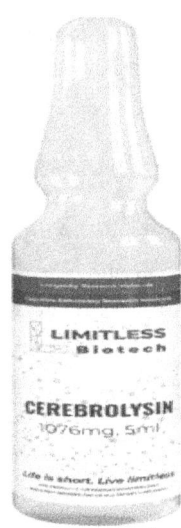

La capacità delCerebrolysin di attraversare la barriera emato-encefalica la rende particolarmente efficace per migliorare la funzione cerebrale e promuovere il recupero da lesioni cerebrali o condizioni neurodegenerative. È ampiamente utilizzato in Europa e in Asia, in particolare in ambito clinico per i suoi potenti benefici cognitivi e neurologici.

Benefici

Prestazioni cognitive: Cerebrolysin migliora la funzione cognitiva, in particolare in aree come la memoria, l'apprendimento e la chiarezza mentale. È comunemente usato per migliorare le prestazioni cognitive sia in individui sani che in quelli con disturbi cognitivi.

Neuroprotezione: uno dei principali vantaggi delCerebrolysin è la sua capacità di proteggere i neuroni dai danni causati dallo stress ossidativo, dall'infiammazione e dalle neurotossine. Questo lo rende molto efficace nel trattamento di condizioni neurodegenerative come il morbo di Alzheimer e il morbo di Parkinson.

Neuroplasticità e recupero: Cerebrolysin promuove la neuroplasticità, la capacità del cervello di formare nuove connessioni neurali. Ciò è particolarmente vantaggioso per le persone che si stanno riprendendo da ictus, lesioni cerebrali traumatiche o altre condizioni neurologiche.

Stabilizzazione dell'umore e chiarezza cognitiva: alcuni utenti segnalano miglioramenti dell'umore e della stabilità emotiva durante l'uso di Cerebrolysin, probabilmente a causa dei suoi effetti positivi sulla funzione cerebrale e sull'equilibrio neurochimico.

Metodo di somministrazione e dosaggio

Cerebrolysin viene tipicamente somministrata tramite iniezione intramuscolare o endovenosa. Il metodo di somministrazione e il dosaggio dipendono dalla gravità della condizione da trattare, nonché dagli obiettivi cognitivi dell'utente.

Dosaggio: Il dosaggio standard di Cerebrolysin varia da **5 a 10 ml al giorno.**

Per **le lesioni cerebrali traumatiche, vengono spesso utilizzati 20-40 ml al giorno** .

Per **il morbo di Alzheimer, vengono spesso utilizzati 20-40 ml al giorno**

Per **la demenza vascolare, vengono spesso utilizzati 20-40 ml al giorno** .

Per **l'ictus, vengono spesso utilizzati 20-40 ml al giorno** .

Per **il potenziamento cognitivo** o la neuroprotezione, vengono spesso utilizzate dosi più piccole di **5 ml** al giorno o a giorni alterni.

Durata del ciclo: Cerebrolysin viene tipicamente utilizzata in cicli di **10-20 giorni**, seguiti da una pausa. Per le condizioni più gravi, possono essere raccomandati cicli di trattamento più lunghi sotto controllo medico.

Orexin A

Orexin A, nota anche come ipocretina-1, è un neuropeptide che aiuta a regolare la veglia, l'eccitazione e il dispendio energetico. Viene prodotto nell'ipotalamo ed è responsabile del mantenimento della veglia e della prevenzione del sonno. Orexin A è stata studiata per il suo potenziale nel trattamento di condizioni come la narcolessia e l'eccessiva sonnolenza diurna, ed è anche interessante per il suo potenziale di migliorare la funzione cognitiva, migliorare la concentrazione e aumentare la vigilanza.

Orexin A sta guadagnando attenzione come potenziale potenziatore cognitivo grazie alla sua capacità di migliorare la prontezza mentale e i livelli di energia senza il nervosismo o la dipendenza associati agli stimolanti tradizionali come la caffeina o le anfetamine.

Benefici

Veglia: Orexin A favorisce la veglia e riduce la sensazione di affaticamento, rendendola ideale per le persone che soffrono di eccessiva sonnolenza diurna o condizioni come la narcolessia.

Prestazioni cognitive: migliorando la vigilanza e la concentrazione, Orexin A migliora la funzione cognitiva, in particolare nelle attività che richiedono un'attenzione sostenuta e chiarezza mentale.

Energia e umore: Orexin A è coinvolta nella regolazione del dispendio energetico e dell'umore, rendendola benefica per le persone che cercano di migliorare i livelli di energia fisica e mentale.

Regolazione dell'appetito: Orexin A svolge anche un ruolo nella regolazione dell'appetito, aiutando a bilanciare la fame e il dispendio energetico.

Metodo di somministrazione e dosaggio

Orexin A viene tipicamente somministrata **per via intranasale,** consentendo un rapido assorbimento ed effetti immediati sulla veglia e sulla vigilanza.

Dosaggio: Il dosaggio tipico di Orexin A è di **100-150 mg per dose**, usato **una volta al giorno,** di solito al mattino.

PE-22-28

PE-22-28 è un peptide sintetico derivato dal peptide naturale Spadina, noto per modulare il canale del potassio TREK-1 nel cervello. Bloccando questo canale, **PE-22-28** promuove la neuroprotezione e la resilienza allo stress, rendendolo uno strumento prezioso per le persone che affrontano stress, ansia o declino cognitivo. È stato anche studiato per i suoi effetti antidepressivi e il suo potenziale per migliorare l'umore e la funzione cognitiva.

PE-22-28 agisce promuovendo la neurogenesi (la formazione di nuovi neuroni) e proteggendo il cervello dagli effetti dannosi dello stress cronico e della neuroinfiammazione. Questo lo rende particolarmente utile per le persone che cercano di migliorare la propria salute mentale, le prestazioni cognitive e la funzione cerebrale generale.

Benefici

Neuroprotezione: PE-22-28 promuove la salute e la sopravvivenza dei neuroni, proteggendo il cervello dai danni causati da stress, infiammazione o neurotossine.

Resilienza allo stress: modulando il canale del potassio TREK-1, PE-22-28 migliora la capacità del cervello di far fronte allo stress, riducendo i sintomi dell'ansia e promuovendo la resilienza emotiva.

Prestazioni cognitive: è stato dimostrato che PE-22-28 migliora la funzione cognitiva, in particolare in aree come la memoria, l'apprendimento e la chiarezza mentale.

Effetti antidepressivi: alcuni studi suggeriscono che PE-22-28 ha proprietà antidepressive, il che lo rende un potenziale trattamento per i disturbi dell'umore e la depressione.

Metodo di somministrazione e dosaggio

PE-22-28 viene tipicamente somministrato per via intranasale.

Dosaggio: Il dosaggio standard è di **400 mcg**, somministrato tramite spray nasale **una volta al giorno**, preferibilmente al mattino.

Durata del ciclo: PE-22-28 viene generalmente utilizzato in cicli di **4-6 settimane**, seguiti da una pausa.

FGL

FGL (Fibroblast Growth Factor-Like Peptide) è un peptide sintetico progettato per imitare gli effetti del fattore di crescita naturale dei fibroblasti (FGF) coinvolto nella promozione della neuroplasticità e della funzione cognitiva. FGL è stato studiato per la sua capacità di migliorare la memoria, l'apprendimento e la funzione cerebrale generale promuovendo la formazione di nuove connessioni sinaptiche tra i neuroni. È di particolare interesse per il suo potenziale nel trattamento di condizioni neurodegenerative, come il morbo di Alzheimer, e per migliorare le prestazioni cognitive in individui sani.

Migliorando la neuroplasticità, l'FGL supporta la capacità del cervello di adattarsi, apprendere e riprendersi da lesioni o declino cognitivo.

Benefici

Memoria e apprendimento: FGL promuove la formazione di nuove connessioni neurali, migliorando la conservazione della memoria e le capacità di apprendimento. È particolarmente efficace per le persone che cercano di migliorare le prestazioni cognitive o di riprendersi da lesioni cerebrali.

Neuroplasticità: l'FGL supporta la naturale capacità del cervello di formare nuove sinapsi, che è fondamentale per l'apprendimento, la memoria e il recupero dalle condizioni neurodegenerative.

Neuroprotezione: l'FGL protegge i neuroni dai danni causati da infiammazione, stress ossidativo o neurotossine, rendendolo prezioso per prevenire il declino cognitivo o le malattie neurodegenerative.

Prestazioni cognitive: migliorando la funzione cerebrale, l'FGL migliora la chiarezza mentale, la concentrazione e le prestazioni cognitive complessive.

Metodo di somministrazione e dosaggio

L'FGL viene tipicamente somministrato tramite iniezione sottocutanea.

Dosaggio: Il dosaggio standard di FGL è di **100-500 mcg per iniezione**, assunto **1-2 volte al giorno**.

Durata del ciclo: L'FGL viene generalmente utilizzato in cicli di **4-8 settimane**, a seconda degli obiettivi cognitivi dell'utente e della risposta al peptide.

5.4 Peptidi per la longevità e l'anti-invecchiamento

Mentre le persone cercano modi per vivere una vita più sana e più lunga, i peptidi sono emersi come uno strumento promettente per rallentare gli effetti dell'invecchiamento e persino invertire alcuni dei danni che ne derivano. Con l'avanzare dell'età, la produzione di peptidi chiave da parte del corpo diminuisce, portando a una guarigione più lenta, a una diminuzione dell'energia e alla rottura dei tessuti. I peptidi utilizzati nelle terapie anti-invecchiamento aiutano ad affrontare questi problemi reintegrando l'apporto naturale del corpo e migliorando la funzione cellulare e immunitaria.

Epitalon

Uno dei peptidi più promettenti con proprietà anti-invecchiamento è Epitalon, noto anche come **Epithalon**. Agisce stimolando la produzione di un enzima chiamato telomerasi, che aiuta a mantenere la lunghezza dei telomeri. I telomeri sono cappucci protettivi alle estremità dei cromosomi che si accorciano con l'avanzare dell'età. I telomeri accorciati sono legati all'invecchiamento e alle malattie legate all'età. Promuovendo l'allungamento dei telomeri, **Epitalon** ha il potenziale per rallentare l'invecchiamento a livello cellulare, il che può portare a miglioramenti della vitalità generale, della salute della pelle e persino della longevità. Regola anche il ciclo sonno-veglia migliorando la produzione di melatonina, che si compromette con l'età.

Epitalon ha guadagnato popolarità per la sua capacità di promuovere la riparazione cellulare, aumentare la funzione immunitaria, regolare i ritmi circadiani e rallentare il processo di invecchiamento a livello cellulare.

Benefici

Estensione dei telomeri: Il vantaggio più significativo delEpitalon è la sua capacità di attivare la telomerasi, che allunga i telomeri e protegge le cellule dall'invecchiamento. I telomeri più lunghi sono associati a una maggiore durata della vita cellulare e alla longevità complessiva.

Anti-invecchiamento: Epitalon aiuta a ritardare il processo di invecchiamento promuovendo la riparazione e la rigenerazione cellulare. Migliora la funzione degli organi chiave, aumenta la salute immunitaria e migliora la capacità del corpo di mantenere l'omeostasi con l'avanzare dell'età.

Miglioramento del sonno e del ritmo circadiano: è stato dimostrato che Epitalon regola la produzione di melatonina, aiutando a normalizzare i cicli del sonno e migliorare la qualità del sonno, in particolare negli anziani.

Funzione immunitaria: Epitalon potenzia la funzione del sistema immunitario stimolando l'attività della ghiandola pineale, che aiuta a regolare i meccanismi di difesa dell'organismo. Questa funzione immunitaria migliorata può aiutare a proteggere dalle malattie e dalle infezioni legate all'età.

Potenziale protezione dal cancro: alcune ricerche suggeriscono che Epitalon può ridurre il rischio di cancro proteggendo il DNA dai danni e supportando i naturali meccanismi di soppressione del tumore del corpo.

Metodo di somministrazione e dosaggio

Epitalon è più comunemente somministrato tramite iniezione sottocutanea, sebbene possa anche essere assunto per via orale. Tuttavia, **le forme iniettabili** sono generalmente considerate più efficaci in quanto le formulazioni orali scomporrebbero il peptide.

Dosaggio: Il dosaggio tipico di Epitalon per l'antietà è di **1-3 mg al giorno**, somministrato per **10-20 giorni**. Questo ciclo può essere ripetuto ogni **6-12 mesi**, a seconda degli obiettivi e dello stato di salute dell'utente.

Ben Greenfield raccomanda **10 mg** di **Epitalon** iniettato per via sottocutanea tre volte alla settimana per tre settimane consecutive e **una volta all'anno**.

Durata del ciclo: Epitalon viene solitamente assunto in cicli brevi, in genere una o due volte all'anno. Ogni ciclo dura **10-20 giorni**, con una pausa intermedia per prevenire la desensibilizzazione e mantenere l'efficacia a lungo termine.

Thymalin

Thymalin è un altro peptide utilizzato per promuovere la longevità aumentando la funzione del sistema immunitario. Thymalin è un peptide timico derivato dalla ghiandola del timo, un organo che svolge un ruolo chiave nella regolazione del sistema immunitario. Con l'avanzare dell'età, la ghiandola del timo si restringe, portando a un declino della funzione immunitaria. Thymalin agisce stimolando la produzione e l'attività delle cellule T, essenziali per una sana risposta immunitaria e per combattere le infezioni. Questo lo rende un peptide importante sia per il supporto immunitario che per scopi anti-invecchiamento.

Oltre a rafforzare il sistema immunitario, è stato dimostrato che Thymalin promuove la riparazione dei tessuti, riduce l'infiammazione e supporta la longevità generale.

Benefici

Funzione immunitaria potenziata: Thymalin migliora la produzione e l'attività delle cellule T, essenziali per combattere le infezioni, i virus e il declino immunitario legato all'età. Questo supporto immunitario aiuta a proteggere dalle malattie legate all'età e migliora la capacità del corpo di guarire e ripararsi.

Effetti anti-invecchiamento: Promuovendo la salute immunitaria e riducendo l'infiammazione, Thymalin aiuta a ritardare il processo di invecchiamento a livello cellulare. Migliora la resilienza del corpo allo stress, supporta la rigenerazione dei tessuti e aiuta a mantenere la vitalità giovanile.

Riduzione dell'infiammazione: Thymalin ha potenti proprietà antinfiammatorie, aiutando a ridurre l'infiammazione cronica che può accelerare il processo di invecchiamento e contribuire a malattie legate all'età come l'artrite, le malattie cardiovascolari e i disturbi neurodegenerativi.

Riparazione e rigenerazione dei tessuti: Thymalin promuove la riparazione dei tessuti danneggiati e accelera la guarigione delle ferite, rendendola preziosa per le persone che si stanno riprendendo da lesioni o interventi chirurgici, in particolare negli anziani.

Metodo di somministrazione e dosaggio

Thymalin viene tipicamente somministrata tramite iniezione sottocutanea, spesso in combinazione con altri peptidi come Epitalon per maggiori benefici anti-invecchiamento.

Dosaggio: Il dosaggio standard di Timidina per il supporto immunitario e l'anti-invecchiamento è di **10-20 mg al giorno**, assunto per **5-10 giorni**. Questo ciclo può essere ripetuto ogni **4-6 mesi**, a seconda dello stato di salute e degli obiettivi dell'utente.

Durata del ciclo: Thymalin è comunemente usata in cicli brevi di **5-10 giorni**, ripetuti ogni pochi mesi per mantenere la salute immunitaria e i benefici anti-invecchiamento.

Doasage consigliato per l'associazione di Epitalon e Thymalin: 5 mg di Thymalin ed Epitalon rispettivamente, una volta al giorno per 20 giorni consecutivi, ripetuti ogni 6 mesi.

GHK-Cu

GHK-Cu (peptide di rame) è un peptide presente in natura che svolge un ruolo vitale nella guarigione delle ferite, nella riparazione dei tessuti e nella salute della pelle. È stato scoperto per la prima volta negli anni '70 e da allora è diventato ampiamente noto per le sue proprietà rigenerative, in particolare nelle aree del ringiovanimento della pelle, dell'anti-invecchiamento e della riparazione cellulare. GHK-Cu promuove la produzione di collagene, riduce l'infiammazione e migliora la comunicazione cellulare, rendendolo un peptide chiave per migliorare l'elasticità della pelle, ridurre le rughe e sostenere la salute cellulare generale.

Il GHK-Cu è spesso utilizzato nei prodotti cosmetici per i suoi effetti ringiovanenti della pelle, ma i suoi benefici vanno ben oltre la cura della pelle. È stato dimostrato che promuove la rigenerazione dei tessuti, migliora la funzione immunitaria e persino protegge il DNA dai danni, rendendolo un potente strumento per la longevità e l'anti-invecchiamento.

Benefici

Ringiovanimento della pelle: GHK-Cu è noto per la sua capacità di promuovere la produzione di collagene, migliorare l'elasticità della pelle e ridurre la comparsa di linee sottili e rughe. Aiuta anche a sbiadire le cicatrici e l'iperpigmentazione, rendendolo popolare nelle routine di cura della pelle antietà.

Guarigione delle ferite e riparazione dei tessuti: GHK-Cu accelera la guarigione delle ferite promuovendo la rigenerazione dei tessuti e riducendo l'infiammazione. Aiuta la capacità del corpo di riparare i tessuti danneggiati, rendendolo prezioso per le persone che si stanno riprendendo da lesioni o interventi chirurgici.

Effetti antinfiammatori: il GHK-Cu ha potenti proprietà antinfiammatorie, aiutando a ridurre l'infiammazione cronica che contribuisce all'invecchiamento e alle malattie legate all'età.

Riparazione cellulare e protezione del DNA: il GHK-Cu protegge le cellule dal danno ossidativo e promuove la riparazione del DNA danneggiato, che aiuta a ritardare il processo di invecchiamento a livello cellulare. Questo lo rende un attore chiave nei protocolli di longevità e anti-invecchiamento.

Crescita dei capelli: è stato anche dimostrato che GHK-Cu promuove la crescita dei capelli stimolando i follicoli piliferi e migliorando la salute del cuoio capelluto, rendendolo prezioso per le persone che hanno a che fare con la caduta dei capelli o il diradamento dei capelli.

Metodo di somministrazione e dosaggio

GHK-Cu può essere somministrato in diverse forme, tra cui creme topiche, sieri e iniezioni sottocutanee. Le forme topiche sono tipicamente utilizzate per il ringiovanimento della pelle, mentre le forme iniettabili sono utilizzate per benefici sistemici come la riparazione dei tessuti e la rigenerazione cellulare.

Dosaggio topico: Se usato localmente, GHK-Cu viene tipicamente applicato a concentrazioni dello **0,5%-1%** in sieri o creme, applicato una o due volte al giorno per il ringiovanimento della pelle.

Dosaggio iniettabile: Quando somministrato per iniezione, il dosaggio standard di GHK-Cu è di **2-5 mg per iniezione**, assunto una volta al giorno per **4-6 settimane**, a seconda degli effetti desiderati.

Durata del ciclo: per scopi anti-invecchiamento e ringiovanimento della pelle, GHK-Cu può essere utilizzato continuamente in forme topiche, mentre le forme iniettabili vengono in genere ciclizzate per **4-6 settimane**, seguite da una pausa.

Humanin

Humanin è un piccolo peptide di derivazione mitocondriale che è stato scoperto per la prima volta nelle cellule cerebrali umane. Ha attirato l'attenzione per la sua capacità di proteggere le cellule dallo stress ossidativo, dall'infiammazione e dall'apoptosi (morte cellulare), tutti fattori che contribuiscono in modo significativo al processo di invecchiamento. Humanin svolge un ruolo importante nella salute mitocondriale, che è essenziale per la produzione di energia, la riparazione cellulare e la longevità complessiva.

I mitocondri, spesso indicati come le "centrali elettriche" della cellula, svolgono un ruolo cruciale nell'invecchiamento. Con l'avanzare dell'età, la funzione mitocondriale diminuisce, portando a una riduzione dei livelli di energia, a un aumento del danno cellulare e allo sviluppo di malattie legate all'età. L'humanin aiuta a combattere questi effetti migliorando la funzione mitocondriale, proteggendo le cellule dai danni e promuovendo la longevità complessiva.

Benefici

Protezione mitocondriale: **Humanin** aiuta a proteggere i mitocondri dallo stress ossidativo, riducendo il danno cellulare e promuovendo la produzione di energia. Questo aiuta a migliorare la salute cellulare e a ritardare il processo di invecchiamento.

Neuroprotezione: è stato dimostrato che Humanin protegge i neuroni dai danni causati dallo stress ossidativo, dall'infiammazione e dalle neurotossine. Questo lo rende particolarmente prezioso per le persone che cercano di prevenire o rallentare condizioni neurodegenerative come il morbo di Alzheimer e il morbo di Parkinson.

Miglioramento della longevità: Promuovendo la salute mitocondriale e proteggendo le cellule dai danni, Humanin ha il potenziale per aumentare la durata della vita e la durata della salute, consentendo alle persone di vivere una vita più lunga e più sana.

Riduzione dell'infiammazione: l'humanin ha proprietà antinfiammatorie che aiutano a ridurre l'infiammazione cronica, un fattore chiave dell'invecchiamento e delle malattie legate all'età.

Dosaggio raccomandato

Humanin viene comunemente somministrato tramite **iniezione sottocutanea.**

Dosaggio: Il dosaggio standard di Humanin è di **1-5 mg per iniezione**, somministrato **una volta al giorno o a giorni alterni**. Per la neuroprotezione e la salute mitocondriale, dosi più basse vengono spesso utilizzate per periodi più lunghi.

Durata del ciclo: Humanin può essere utilizzato in cicli di **4-6 settimane**, seguiti da una pausa per valutare la risposta dell'utente e regolare il dosaggio secondo necessità.

TB-4/TB-500

Thymosin Beta-4 è una versione sintetica di un peptide presente in natura che si trova in quasi tutte le cellule umane. È noto per la sua potente capacità di promuovere la proliferazione e la migrazione cellulare, la riparazione dei tessuti, ridurre l'infiammazione e migliorare la rigenerazione cellulare. Sebbene sia ampiamente utilizzato per le sue proprietà curative nelle lesioni muscolari, tendinee e legamentose, svolge anche un ruolo chiave nel sostenere la longevità promuovendo la salute generale dei tessuti e riducendo l'infiammazione legata all'età.

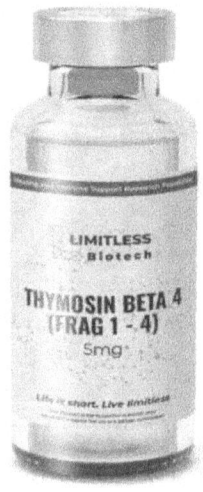

È particolarmente prezioso per le persone anziane o per gli atleti che si stanno riprendendo da un infortunio, in quanto accelera il processo di guarigione, migliora la mobilità articolare e supporta la salute dei tessuti a lungo termine. I suoi effetti sistemici sulla riparazione e la rigenerazione dei tessuti lo rendono un peptide fondamentale per coloro che cercano di migliorare sia le prestazioni che la longevità.

Benefici

Miglioramento della flessibilità e della mobilità: promuovendo la riparazione dei tessuti e riducendo l'infiammazione, migliora la flessibilità e la mobilità articolare, il che è particolarmente vantaggioso per le persone che hanno a che fare con rigidità legata all'età o dolore articolare.

Riparazione dei tessuti: Promuove la migrazione delle cellule verso il sito della lesione, accelerando la guarigione di muscoli, tendini, legamenti e persino organi. Questo lo rende prezioso per le persone che si stanno riprendendo da infortuni o interventi chirurgici, in particolare gli anziani.

Infiammazione ridotta: Ha forti proprietà antinfiammatorie che aiutano a ridurre l'infiammazione cronica, che può contribuire al processo di invecchiamento e alle malattie legate all'età come l'artrite e le malattie cardiovascolari.

Supporto alla longevità: La sua capacità di promuovere la riparazione dei tessuti e ridurre l'infiammazione sistemica aiuta a sostenere la salute e la vitalità a lungo termine, rendendolo un peptide importante nei protocolli anti-invecchiamento e di longevità.

Metodo di somministrazione e dosaggio

In genere viene somministrato tramite **iniezione sottocutanea.**

Dosaggio: Il dosaggio standard varia da **2 a 5 mg a settimana**, suddiviso in 2-3 iniezioni. Per le persone che si stanno riprendendo da infortuni o che cercano benefici anti-invecchiamento, viene spesso utilizzata una dose di mantenimento inferiore dopo la fase iniziale di guarigione.

Durata del ciclo: È comunemente usato in cicli di **4-8 settimane** per la riparazione dei tessuti, con una fase di mantenimento per il supporto continuo della salute e della longevità delle articolazioni.

5.5 Peptidi per la salute sessuale

I peptidi hanno mostrato un potenziale significativo nel migliorare la salute sessuale sia per gli uomini che per le donne. Affrontando problemi come la bassa libido, la disfunzione erettile e le prestazioni sessuali complessive, questi peptidi forniscono un approccio naturale e mirato per migliorare il benessere sessuale senza gli effetti collaterali associati ad alcuni trattamenti tradizionali.

PT-141

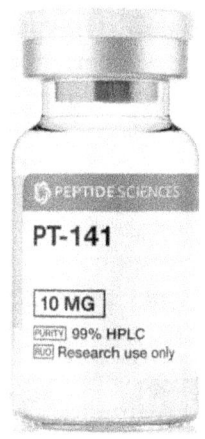

PT-141, noto anche come **Bremelanotide**, è un peptide derivato dall'ormone melanocortina. È stato originariamente sviluppato per le sue proprietà abbronzanti, ma presto si è scoperto che aveva un potente effetto sull'eccitazione e sul desiderio sessuale. **PT-141** agisce stimolando i recettori della melanocortina nel cervello, che sono coinvolti nell'eccitazione e nel desiderio sessuale.

A differenza di farmaci come il Viagra, che mirano al flusso sanguigno, il PT-141 influenza direttamente il desiderio sessuale, rendendolo efficace sia per gli uomini che per le donne. Negli uomini aiuta a trattare la disfunzione erettile, mentre nelle donne ha dimostrato di aumentare il desiderio sessuale e l'eccitazione. PT-141 è particolarmente utile per le persone che non hanno risposto bene ad altri trattamenti o che soffrono di bassa libido a causa di squilibri ormonali, stress o età.

L'approccio di PT-141 per migliorare la salute sessuale è unico, in quanto non solo aiuta con le prestazioni fisiche (come la funzione erettile negli uomini), ma aumenta anche la libido e il desiderio sessuale. È efficace sia per gli uomini che per le donne, il che lo rende un'opzione versatile per affrontare la disfunzione sessuale.

Benefici

Aumento del desiderio sessuale: PT-141 stimola l'eccitazione e il desiderio sessuale sia negli uomini che nelle donne agendo sui recettori della melanocortina nel cervello. Gli utenti spesso segnalano un aumento della libido e una risposta sessuale più forte dopo l'assunzione di PT-141.

Miglioramento della funzione erettile: per gli uomini, è stato dimostrato che PT-141 migliora la funzione erettile, in particolare nei casi in cui i farmaci tradizionali per la disfunzione erettile non sono stati efficaci. Migliorando l'eccitazione sessuale, PT-141 aiuta gli uomini a raggiungere e mantenere l'erezione.

Maggiore soddisfazione sessuale per le donne: PT-141 è uno dei pochi peptidi che sono stati studiati specificamente per i suoi effetti sulla salute sessuale femminile. Può migliorare la soddisfazione sessuale, l'eccitazione e la funzione orgasmica nelle donne, rendendolo un'opzione preziosa per il trattamento di condizioni come il disturbo da desiderio sessuale ipoattivo (HSDD).

Azione rapida: PT-141 ha un'insorgenza rapida, con effetti tipicamente avvertiti entro 30-60 minuti dalla somministrazione. Questo lo rende adatto per l'uso su richiesta prima dell'attività sessuale.

Metodo di somministrazione e dosaggio

PT-141 viene tipicamente somministrato tramite iniezione sottocutanea.

Dosaggio: Il dosaggio standard di PT-141 è di **1-2 mg per iniezione**, assunto circa **30-60 minuti prima dell'attività sessuale**. Si raccomanda di iniziare con una dose più bassa e di aggiustare in base alla risposta e alla tolleranza individuali.

Durata del ciclo: PT-141 può essere utilizzato in base alle necessità, in genere non più di una volta ogni 24-48 ore, a seconda della risposta dell'utente e degli effetti collaterali. Non è necessario un uso continuo, poiché è progettato per l'uso su richiesta.

Kisspeptin

Kisspeptin è un altro peptide che sta attirando l'attenzione per la sua capacità di migliorare la salute sessuale. È noto per stimolare il rilascio dell'ormone di rilascio delle gonadotropine (GnRH), che svolge un ruolo chiave nella regolazione degli ormoni riproduttivi come il testosterone e gli estrogeni. Kisspeptin può aiutare a migliorare la fertilità aumentando la produzione di questi ormoni.

Negli uomini, supporta livelli sani di testosterone, che sono essenziali per la libido e le prestazioni sessuali. Nelle donne, Kisspeptin aiuta a regolare il ciclo mestruale e può migliorare la fertilità, soprattutto in quelle con squilibri ormonali. Stimolando le vie ormonali naturali dell'organismo, Kisspeptin offre un approccio più fisiologico per migliorare la salute sessuale e la fertilità.

Benefici

Aumento della produzione di testosterone: negli uomini, Kisspeptin stimola il rilascio di GnRH, che porta ad un aumento dei livelli di ormone luteinizzante (LH) e ormone follicolo-stimolante (FSH). Questo, a sua volta, aumenta la produzione di testosterone, migliorando la libido, la funzione sessuale e i livelli di energia complessivi.

Fertilità: Kisspeptin svolge un ruolo chiave nella regolazione dell'ovulazione nelle donne, contribuendo a migliorare la fertilità. Aiuta a sincronizzare l'ovulazione, che è essenziale per il concepimento.

Produzione di spermatozoi: Negli uomini, Kisspeptin aumenta la produzione di spermatozoi, migliorando il numero e la motilità degli spermatozoi.

Regolazione della salute riproduttiva: Kisspeptin supporta la funzione generale del sistema riproduttivo, rendendola utile per le persone con squilibri ormonali o problemi di salute riproduttiva, come la sindrome dell'ovaio policistico (PCOS) o l'ipogonadismo maschile.

Metodo di somministrazione e dosaggio

Kisspeptin viene tipicamente somministrata tramite **iniezione sottocutanea**.

Dosaggio: Il dosaggio standard di Kisspeptin per stimolare il testosterone e la fertilità varia da **100 a 200 mcg per iniezione**, somministrato **1-2 volte al giorno**.

Durata del ciclo: Kisspeptin può essere utilizzata in cicli di **4-6 settimane** per il miglioramento del testosterone e della fertilità. Viene spesso utilizzato come parte di un protocollo di fertilità sia negli uomini che nelle donne, con cicli adatti alle esigenze di salute riproduttiva dell'individuo.

Melanotan II

Melanotan II è un analogo sintetico dell'ormone alfa-melanocita stimolante (α-MSH), che è coinvolto nella regolazione della pigmentazione della pelle. Sebbene il **Melanotan II** sia stato inizialmente sviluppato per promuovere l'abbronzatura aumentando la produzione di melanina, ha guadagnato ulteriore popolarità per i suoi effetti sulla funzione sessuale e sul miglioramento della libido. Melanotan II agisce sul sistema melanocortinico, che influenza il desiderio sessuale. Sebbene il suo uso principale sia quello di abbronzarsi, molti utenti segnalano l'aumento della libido come un effetto collaterale gradito. Melanotan II, ha dimostrato di aumentare il desiderio sessuale e la funzione erettile negli uomini, rendendolo un peptide versatile per coloro che cercano benefici sia nell'abbronzatura che nella salute sessuale.

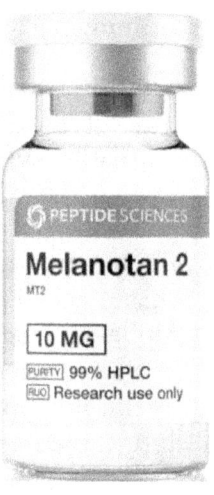

Vale la pena notare, tuttavia, che Melanotan II deve essere usato con attenzione, poiché può causare altri effetti collaterali come la nausea in alcuni utenti.

Benefici

Abbronzatura della pelle: Melanotan II favorisce la produzione di melanina nella pelle, portando a un'abbronzatura naturale senza eccessiva esposizione al sole. Questo può aiutare a proteggere la pelle dai danni dei raggi UV.

Aumento della libido e dell'eccitazione sessuale: Melanotan II stimola i recettori della melanocortina nel cervello che sono coinvolti nel desiderio sessuale e nell'eccitazione. Gli utenti spesso segnalano un aumento della libido e una migliore funzione erettile, rendendola una scelta popolare per le persone che cercano di migliorare la salute sessuale.

Funzione erettile: Oltre ad aumentare la libido, Melanotan II ha dimostrato di migliorare la funzione erettile negli uomini, anche in coloro che non rispondono bene ai trattamenti tradizionali per la disfunzione erettile. Agisce aumentando l'eccitazione sessuale a livello cerebrale, piuttosto che influenzare direttamente il flusso sanguigno come gli inibitori della PDE5 (Viagra).

Protezione contro le scottature: aumentando i livelli di melanina, Melanotan I e II possono aiutare a proteggere la pelle dalle scottature e ridurre il rischio di danni cutanei legati ai raggi UV.

Metodo di somministrazione e dosaggio

Melanotan II viene somministrato tramite **iniezione sottocutanea**.

Dosaggio: Il dosaggio per l'aumento della libido varia da **0,25 a 1 mg per iniezione**, assunto **a giorni alterni**.

Durata del ciclo: Melanotan II viene spesso utilizzato in modo più intermittente, a seconda degli obiettivi dell'utente o della salute sessuale.

5.6 Peptidi per l'immunità

Mantenere un sistema immunitario forte è importante per la salute generale, soprattutto con l'avanzare dell'età quando il sistema immunitario si indebolisce, rendendo più difficile combattere infezioni e malattie. I peptidi possono aiutare a rafforzare la funzione immunitaria aumentando le difese naturali del corpo, promuovendo un recupero più rapido dalle infezioni e riducendo l'infiammazione. Questo li rende preziosi per le persone che cercano di rafforzare il proprio sistema immunitario, in particolare quelli con un'immunità indebolita o condizioni autoimmuni.

Piuttosto che fare affidamento esclusivamente su farmaci in grado di sopprimere altre funzioni corporee, i peptidi aiutano a rafforzare i meccanismi di difesa del corpo, rendendolo meglio attrezzato per respingere le malattie e riprendersi dalle infezioni.

Thymosin Alpha-1

Thymosin Alpha-1 (Tα1) è un peptide naturale derivato dalla ghiandola del timo, un organo che aiuta nello sviluppo e nella regolazione del sistema immunitario. **Thymosin Alpha-1** è uno dei peptidi più efficaci per aumentare l'immunità. Agisce stimolando la produzione di cellule T (un tipo di globuli bianchi), che sono un componente chiave del sistema immunitario responsabile della lotta contro le infezioni e della protezione del corpo da agenti patogeni dannosi. Thymosin Alpha-1 è stata utilizzata nel trattamento di varie condizioni, tra cui infezioni virali, malattie autoimmuni e persino cancro. Aumentando la capacità del sistema immunitario di rispondere alle minacce, Thymosin Alpha-1 aiuta le persone a riprendersi più rapidamente dalla malattia e protegge da future infezioni.

Benefici

Attivazione del sistema immunitario: Thymosin Alpha-1 aumenta l'attività delle cellule T, delle cellule dendritiche e di altre cellule immunitarie, aumentando i meccanismi di difesa del corpo contro infezioni, batteri e virus.

Trattamento per le infezioni croniche: Thymosin Alpha-1 è particolarmente efficace nel trattamento delle infezioni virali croniche come l'epatite B, l'epatite C e l'HIV. Aiuta il corpo a eliminare le infezioni che altrimenti sarebbero difficili da trattare.

Supporto al trattamento del cancro: migliorando la funzione immunitaria, Thymosin Alpha-1 è stata utilizzata come terapia aggiuntiva nel trattamento del cancro. Aiuta il sistema immunitario a riconoscere e attaccare il cancro.

Gestione delle malattie autoimmuni: Thymosin Alpha-1 ha effetti immunomodulatori, il che significa che può bilanciare la risposta immunitaria. Ciò è particolarmente utile nelle malattie autoimmuni, in cui il sistema immunitario attacca erroneamente i tessuti del corpo.

Adiuvante del vaccino: è stato dimostrato che Thymosin Alpha-1 migliora l'efficacia dei vaccini potenziando la risposta immunitaria, rendendola particolarmente preziosa durante i periodi di infezioni diffuse o campagne di immunizzazione.

Metodo di somministrazione e dosaggio

Thymosin Alpha-1 viene somministrata tramite **iniezione sottocutanea**.

Dosaggio: Il dosaggio standard di Thymosin Alpha-1 è di **1,5-3,2 mg a settimana**, suddiviso in **2-3 iniezioni**. In caso di infezione cronica o immunodeficienza, il dosaggio può essere aggiustato in base alla gravità della condizione.

Durata del ciclo: Thymosin Alpha-1 viene spesso utilizzata in cicli di **4-12 settimane**. In caso di infezione cronica, possono essere necessari cicli più lunghi, con pause intermedie per valutare la funzione immunitaria.

LL-37

Un altro peptide con forti proprietà di potenziamento immunitario è **LL-37**, un peptide antimicrobico che aiuta il corpo a combattere le infezioni batteriche, virali e fungine. LL-37 agisce distruggendo le membrane degli agenti patogeni dannosi, rendendo più difficile la loro sopravvivenza nel corpo. È noto per la sua capacità non solo di uccidere gli agenti patogeni, ma anche di modulare il sistema immunitario. Questo peptide è particolarmente utile per le persone con infezioni croniche o per coloro che sono più suscettibili alle malattie a causa di un sistema immunitario indebolito.

Oltre alle sue proprietà antimicrobiche, l'LL-37 migliora anche la guarigione delle ferite, riduce l'infiammazione, rendendolo utile per la gestione delle condizioni autoimmuni e infiammatorie.

Benefici

Effetti antimicrobici ad ampio spettro: LL-37 è efficace contro un'ampia varietà di agenti patogeni, inclusi batteri, virus e funghi.

Modulazione immunitaria: oltre alle sue proprietà antimicrobiche, LL-37 modula il sistema immunitario, aiutando a bilanciare le risposte immunitarie e ridurre l'infiammazione eccessiva, che può essere dannosa nelle malattie autoimmuni.

Guarigione delle ferite: LL-37 promuove la riparazione dei tessuti e accelera la guarigione delle ferite, rendendolo utile per le persone che si stanno riprendendo da interventi chirurgici, lesioni o ferite croniche.

Effetti antinfiammatori: LL-37 riduce l'infiammazione modulando il rilascio di citochine proinfiammatorie. Questo lo rende utile per il trattamento di condizioni infiammatorie come l'artrite, la psoriasi e le malattie infiammatorie intestinali.

Protezione contro i batteri resistenti ai farmaci: LL-37 è efficace contro i batteri resistenti agli antibiotici, il che lo rende una valida alternativa o un'aggiunta agli antibiotici tradizionali nel trattamento di infezioni difficili.

Dosaggio raccomandato

L'LL-37 viene somministrato tramite **iniezione sottocutanea**.

Dosaggio: Il dosaggio tipico di LL-37 è di **100 mcg per iniezione**, assunto **2 volte al giorno**, una volta al mattino e una volta alla sera.

Durata del ciclo: LL-37 è comunemente usato in **cicli di 2-4 settimane**, a seconda della gravità dell'infezione o della condizione immunitaria da trattare.

VIP

Il **peptide intestinale vasoattivo (VIP)** è un neuropeptide che aiuta a regolare la funzione polmonare, ridurre l'infiammazione e modulare la risposta immunitaria. **Il VIP** è noto per la sua capacità di rilassare la muscolatura liscia, dilatare i vasi sanguigni e ridurre l'infiammazione polmonare, rendendolo particolarmente prezioso per le persone con condizioni respiratorie come l'asma, la broncopneumopatia cronica ostruttiva (BPCO) e l'ipertensione arteriosa polmonare (PAH).

Le proprietà antinfiammatorie di VIP si estendono oltre i polmoni, in quanto aiutano a ridurre l'infiammazione sistemica, a proteggere dalle malattie autoimmuni e a sostenere la funzione immunitaria generale. La sua capacità unica di migliorare la salute dei polmoni regolando l'attività immunitaria rende VIP un peptide molto ricercato per le persone con problemi respiratori o infiammazioni croniche.

Benefici

Supporto per la salute dei polmoni: VIP migliora la funzione polmonare dilatando le vie aeree, riducendo l'infiammazione polmonare e promuovendo un flusso sanguigno sano nei polmoni. Viene spesso utilizzato per trattare condizioni come l'asma, la BPCO e l'ipertensione polmonare.

Effetti antinfiammatori: VIP riduce l'infiammazione nei polmoni e in tutto il corpo modulando la produzione di citochine e l'attività delle cellule immunitarie. Questo lo rende vantaggioso per le persone con condizioni infiammatorie come l'artrite, le malattie infiammatorie intestinali e i disturbi autoimmuni.

Regolazione immunitaria: VIP aiuta a bilanciare la risposta immunitaria, prevenendo l'infiammazione eccessiva e promuovendo una difesa adeguata contro infezioni e agenti patogeni. È particolarmente utile in caso di malattie autoimmuni, in cui il sistema immunitario attacca i tessuti sani.

Ossigenazione migliorata: dilatando i vasi sanguigni e aumentando il flusso sanguigno ai polmoni, VIP migliora l'apporto di ossigeno ai tessuti del corpo, migliorando i livelli di energia complessivi e le prestazioni fisiche.

Dosaggio raccomandato

Il VIP viene in genere somministrato tramite **iniezione sottocutanea**, sebbene possa anche essere somministrato **per via intranasale** per ottenere benefici respiratori.

Dosaggio: Il dosaggio standard di VIP è di **100-500 mcg per iniezione**, assunto **1-2 volte al giorno**.

Il **dosaggio intranasale raccomandato è di 50 mcg** spruzzati all'interno di ciascuna narice fino a **4 volte al giorno**.

Durata del ciclo: VIP può essere utilizzato in modo continuo o in cicli, a seconda delle condizioni di salute dell'utente. Per le condizioni respiratorie croniche, l'uso a lungo termine può essere necessario per mantenere la salute dei polmoni e ridurre l'infiammazione.

KPV

KPV è un tripeptide composto da lisina, prolina e valina, noto per le sue forti proprietà antinfiammatorie e immunoregolatrici. Ha attirato l'attenzione per la sua capacità di ridurre l'infiammazione e promuovere la guarigione in una varietà di condizioni, tra cui malattie infiammatorie intestinali, psoriasi e altri disturbi autoimmuni. Il KPV agisce inibendo le citochine pro-infiammatorie, riducendo così l'infiammazione e supportando la riparazione dei tessuti.

Il KPV è spesso usato come trattamento aggiuntivo per le condizioni infiammatorie e autoimmuni, offrendo un approccio naturale alla riduzione dell'infiammazione cronica senza gli effetti collaterali associati ai tradizionali farmaci antinfiammatori.

Benefici

Potenti effetti antinfiammatori: il KPV è molto efficace nel ridurre l'infiammazione inibendo la produzione di citochine pro-infiammatorie. Questo lo rende prezioso per il trattamento di condizioni come l'artrite, la psoriasi e le malattie infiammatorie intestinali.

Modulazione immunitaria: il KPV aiuta a regolare il sistema immunitario, prevenendo risposte immunitarie eccessive che possono portare a riacutizzazioni autoimmuni o infiammazioni croniche.

Guarigione delle ferite: il KPV promuove la riparazione dei tessuti e accelera la guarigione delle ferite, rendendolo utile per le persone che si stanno riprendendo da lesioni o interventi chirurgici.

Trattamento per le condizioni della pelle: è stato dimostrato che il KPV migliora la salute della pelle riducendo l'infiammazione e promuovendo la guarigione in condizioni come eczema, psoriasi e acne.

Metodo di somministrazione e dosaggio

Il KPV può essere somministrato in diverse forme, tra cui **iniezioni** sottocutanee, **capsule orali** o **creme topiche**.

Dosaggio: Il dosaggio standard di KPV è di **1-2 mg per iniezione**, assunto **1-2 volte al giorno**. Per le condizioni infiammatorie della pelle, KPV può essere applicato localmente in crema, di solito **una volta al giorno**.

Durata del ciclo: KPV viene generalmente utilizzato in cicli di **4-6 settimane**, a seconda delle condizioni dell'utente e della risposta al peptide.

ARA-290

ARA-290 è un peptide sintetico derivato dall'eritropoietina (EPO), un ormone coinvolto nella produzione di globuli rossi. Tuttavia, a differenza dell'EPO, ARA-290 non influisce sulla produzione di globuli rossi, ma si concentra invece sulla promozione della riparazione dei nervi, sulla riduzione dell'infiammazione e sulla modulazione del sistema immunitario. È stato dimostrato che migliora i sintomi in condizioni come la sarcoidosi, il dolore cronico e la neuropatia, rendendolo un peptide prezioso per le persone che hanno a che fare con danni ai nervi e condizioni infiammatorie croniche.

La capacità unica di ARA-290 di proteggere e riparare i nervi, ridurre l'infiammazione e modulare le risposte immunitarie lo rende un'opzione promettente per il trattamento di disturbi autoimmuni e condizioni neuroinfiammatorie.

Benefici

Riparazione e protezione dei nervi: ARA-290 promuove la riparazione e la rigenerazione dei nervi danneggiati, rendendolo utile per condizioni come neuropatia, dolore cronico e malattie neurodegenerative.

Effetti antinfiammatori: ARA-290 riduce l'infiammazione modulando il sistema immunitario e inibendo le citochine pro-infiammatorie. Questo lo rende utile per il trattamento di condizioni infiammatorie croniche, come la sarcoidosi o le malattie autoimmuni.

Migliore gestione del dolore: è stato dimostrato che ARA-290 riduce il dolore cronico associato a danni ai nervi, offrendo sollievo alle persone con dolore neuropatico o altre sindromi dolorose.

Modulazione del sistema immunitario: bilanciando la risposta immunitaria, ARA-290 aiuta a prevenire l'infiammazione eccessiva, sostenendo al contempo la capacità del corpo di combattere le infezioni e riparare i tessuti danneggiati.

Dosaggio raccomandato

ARA-290 viene somministrato tramite **iniezione sottocutanea**, tipicamente nella zona addominale.

Dosaggio: Il dosaggio standard di ARA-290 è di **5 mg per iniezione**, assunto **una volta al giorno** per la riparazione dei nervi e la modulazione immunitaria. Dosi più basse possono essere utilizzate per la gestione dell'infiammazione cronica.

Durata del ciclo: ARA-290 viene generalmente utilizzato in cicli di **4-6 settimane**, a seconda della condizione da trattare e della risposta dell'utente al peptide.

SS-31

SS-31, noto anche come **Elamipretide,** è un peptide mirato ai mitocondri che ha attirato l'attenzione per la sua capacità di proteggere e riparare i mitocondri, gli organelli che producono energia nelle cellule. Migliorando la funzione mitocondriale, SS-31 aiuta a ridurre lo stress ossidativo, migliorare la produzione di energia cellulare e sostenere la salute generale e la longevità. La disfunzione mitocondriale è un segno distintivo dell'invecchiamento e di molte malattie croniche, tra cui disturbi neurodegenerativi, malattie cardiovascolari e deficienze immunitarie.

La capacità di SS-31 di ripristinare la salute mitocondriale e ridurre l'infiammazione lo rende un potente peptide per le persone che cercano di aumentare la funzione immunitaria, proteggere dalle malattie legate all'età e migliorare la vitalità generale.

Benefici

Miglioramento della funzione mitocondriale: SS-31 migliora la produzione di energia mitocondriale, riducendo lo stress ossidativo e migliorando la salute cellulare generale. Questo lo rende utile per le persone che hanno a che fare con disfunzione mitocondriale, affaticamento cronico o condizioni neurodegenerative.

Anti-invecchiamento e longevità: proteggendo i mitocondri dai danni, l'SS-31 aiuta a ritardare il processo di invecchiamento e a ridurre il rischio di malattie legate all'età come l'Alzheimer, il Parkinson e le malattie cardiovascolari.

Riduzione dell'infiammazione: SS-31 ha potenti proprietà antinfiammatorie, aiutando a ridurre l'infiammazione cronica e sostenere la salute immunitaria.

Neuroprotezione: SS-31 protegge i neuroni dal danno ossidativo e supporta la salute del cervello, rendendolo benefico per le persone che hanno a che fare con malattie neurodegenerative o declino cognitivo.

Metodo di somministrazione e dosaggio

L'SS-31 viene somministrato tramite **iniezione sottocutanea**, di solito nella zona addominale.

Dosaggio: Il dosaggio standard di SS-31 è di **5-10 mg per iniezione**, assunto **una volta al giorno**.

Durata del ciclo: SS-31 viene generalmente utilizzato in cicli di **4-6 settimane**, seguiti da una pausa per valutare la salute mitocondriale e regolare il dosaggio secondo necessità.

5.7 Peptidi per il sonno

Un buon sonno è essenziale per la salute e il benessere generale, ma molte persone lottano con disturbi del sonno, insonnia o sonno di scarsa qualità. I peptidi possono aiutare a migliorare la qualità del sonno regolando i cicli naturali sonno-veglia del corpo, favorendo il rilassamento e migliorando il sonno profondo e ristoratore. Per le persone che hanno problemi di sonno, i peptidi offrono una potenziale soluzione che mira alle cause alla radice dei disturbi del sonno.

DSIP (peptide delta che induce il sonno)

DSIP è un neuropeptide noto per la sua capacità di promuovere un sonno ristoratore, in particolare il sonno profondo, essenziale per il recupero e la riparazione dei tessuti. Il DSIP agisce regolando il ciclo sonno-veglia naturale del corpo e promuovendo il sonno a onde delta, che è la fase profonda e ristoratrice del sonno. Aiuta a ridurre lo stress e l'ansia, due dei principali fattori che possono interferire con la qualità del sonno.

Calmando il sistema nervoso e incoraggiando il rilassamento, il DSIP aiuta le persone ad addormentarsi più velocemente e a rimanere addormentate più a lungo, portando a un sonno più riposante e ristoratore. DSIP è particolarmente utile per le persone che hanno difficoltà a raggiungere il sonno profondo o che soffrono di insonnia.

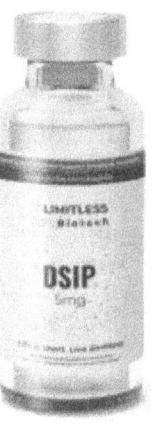

Benefici

Promuove il sonno profondo: il DSIP aumenta la capacità del corpo di entrare e mantenere il sonno profondo, necessario per il recupero fisico, il consolidamento della memoria e la salute generale.

Miglioramento della qualità del sonno: gli utenti spesso segnalano un sonno più riposante e ininterrotto, svegliandosi più riposati ed energici.

Riduzione dello stress: è stato dimostrato che DSIP riduce i livelli di stress e ansia, aiutando gli utenti a rilassarsi e ad addormentarsi più facilmente.

Supporta il recupero: poiché il sonno profondo è essenziale per la riparazione dei tessuti e il rilascio dell'ormone della crescita, il DSIP può migliorare il recupero da un'intensa attività fisica e promuovere il benessere generale.

Metodo di somministrazione e dosaggio

Il DSIP viene in genere somministrato tramite **iniezione sottocutanea**, di solito prima di coricarsi per allinearsi con il ciclo naturale del sonno del corpo.

Dosaggio: Il dosaggio standard di DSIP è di **100-300 mcg per iniezione**, assunto **30-60 minuti prima di coricarsi**. Per gli individui con disturbi del sonno più gravi, dosi più elevate possono essere utilizzate sotto controllo medico.

Durata del ciclo: DSIP può essere utilizzato in modo intermittente o in cicli di **4-6 settimane**, a seconda delle esigenze dell'utente e della risposta al peptide.

Epitalon

Epitalon, noto anche come epitalon, è un peptide sintetico derivato dal peptide epitalamine presente in natura, che viene prodotto nella ghiandola pineale. Epitalon è meglio conosciuto per i suoi effetti antietà. Tuttavia, svolge anche un ruolo chiave nella regolazione della produzione di melatonina, che aiuta a migliorare la qualità del sonno.

Normalizzando i ritmi circadiani e promuovendo il rilascio naturale di melatonina, Epitalon aiuta gli utenti a ottenere un sonno più riposante e rigenerante, soprattutto negli anziani che spesso sperimentano un calo dei livelli di melatonina.

Benefici

Miglioramento della qualità del sonno: Epitalon migliora la capacità del corpo di produrre melatonina, che regola il ciclo sonno-veglia e favorisce un sonno profondo e riposante.

Regolazione dei ritmi circadiani: Epitalon aiuta a normalizzare i ritmi circadiani, in particolare negli anziani che sperimentano schemi di sonno interrotti a causa della ridotta produzione di melatonina.

Recupero migliorato: Promuovendo un sonno più profondo, Epitalon migliora il recupero dallo sforzo fisico e supporta la salute generale.

Metodo di somministrazione e dosaggio

Epitalon viene somministrato tramite iniezione sottocutanea, in genere prima di coricarsi per aumentare la produzione di melatonina e migliorare la qualità del sonno.

Dosaggio: Il dosaggio standard di Epitalon è di **1-3 mg al giorno**, somministrato per **10-20 giorni**. Questo ciclo può essere ripetuto ogni **6-12 mesi** per un sonno a lungo termine.

Durata del ciclo: Epitalon viene solitamente utilizzato in cicli brevi di **10-20 giorni**, seguiti da una pausa.

Thymosin Beta-4

Thymosin Beta-4 (TB-4), noto principalmente per le sue proprietà riparatrici e curative dei tessuti, è stato scoperto che migliora indirettamente il sonno accelerando il recupero e riducendo l'infiammazione. Quando il corpo è in uno stato di guarigione o infiammazione, può interrompere i ritmi del sonno. La capacità di TB-4 di ridurre l'infiammazione e promuovere la riparazione dei tessuti può aiutare le persone a dormire meglio, in particolare coloro che si stanno riprendendo da infortuni o che affrontano infiammazioni croniche.

Benefici

Riduzione dell'infiammazione: gli effetti antinfiammatori della TB-4 aiutano ad alleviare il dolore e il disagio che possono disturbare il sonno, in particolare negli individui con condizioni croniche come l'artrite o le lesioni.

Miglioramento della qualità del sonno: gli utenti spesso segnalano un sonno più riposante grazie alla riduzione del dolore e al recupero più rapido dagli infortuni, consentendo al corpo di entrare in fasi più profonde del sonno.

Rilassamento muscolare: TB-4 favorisce il rilassamento muscolare, riducendo la tensione e favorendo un sonno più riposante.

Recupero: Promuovendo la riparazione dei tessuti e riducendo l'indolenzimento muscolare, TB-4 migliora il recupero dallo sforzo fisico, consentendo un sonno migliore e riducendo il disagio notturno.

Metodo di somministrazione e dosaggio

TB-4 viene somministrato tramite iniezione sottocutanea, tipicamente nell'area addominale o vicino al sito della lesione per benefici localizzati.

Dosaggio: Il dosaggio standard di TB-4 per il sonno e il recupero è **di 2-5 mg a settimana**, suddiviso in **2-3 iniezioni**.

Durata del ciclo: TB-4 è comunemente usato in cicli **di 4-8 settimane** seguiti da una pausa.

5.8 Peptidi per pelle, capelli ed estetica

Molti peptidi vengono utilizzati per la loro capacità di migliorare l'aspetto della pelle, dei capelli e l'estetica generale. Questi peptidi promuovono la produzione di collagene, riducono l'infiammazione e aumentano la riparazione dei tessuti, portando a una pelle più sana, capelli più spessi e un aspetto più giovane.

GHK-Cu

GHK-Cu è uno dei peptidi più noti per migliorare la salute della pelle. È un peptide di rame che promuove la produzione di collagene, riduce le rughe e migliora l'elasticità della pelle. Scoperto negli anni '70, il GHK-Cu è diventato da allora un ingrediente popolare nei prodotti antietà e per la cura della pelle grazie alla sua capacità di promuovere la giovinezza della pelle, ridurre le linee sottili e aumentare la crescita dei capelli. Il GHK-Cu ha anche proprietà antinfiammatorie, che aiutano a ridurre il rossore e l'irritazione della pelle.

Questo peptide è spesso utilizzato nei prodotti per la cura della pelle antietà, ma può anche essere applicato direttamente su ferite o cicatrici per favorire la guarigione e ridurre le cicatrici. Inoltre, è stato dimostrato che il GHK-Cu migliora la crescita dei capelli stimolando i follicoli piliferi e promuovendo un cuoio capelluto più sano.

Benefici

Riparazione della pelle e guarigione delle ferite: GHK-Cu accelera la guarigione delle ferite promuovendo la rigenerazione delle cellule della pelle e riducendo l'infiammazione. Questo lo rende molto efficace per il trattamento di cicatrici, tagli e abrasioni.

Produzione di collagene: Uno dei vantaggi più notevoli del GHK-Cu è la sua capacità di stimolare la produzione di collagene. L'aumento dei livelli di collagene aiuta a migliorare l'elasticità della pelle, ridurre le rughe e ripristinare un aspetto più giovane.

Crescita dei capelli: GHK-Cu promuove la salute del follicolo pilifero, incoraggiando la crescita di nuovi capelli e riducendo la caduta dei capelli. È stato dimostrato che migliora lo spessore e la densità dei capelli nel tempo.

Proprietà antinfiammatorie e antiossidanti: il GHK-Cu aiuta a ridurre l'infiammazione e lo stress ossidativo della pelle, il che può portare a una pelle più chiara e luminosa. È particolarmente utile per le persone che hanno a che fare con condizioni della pelle come acne, eczema o rosacea.

Metodo di somministrazione e dosaggio

GHK-Cu può essere applicato **localmente** come parte di un regime di cura della pelle o somministrato tramite **iniezione sottocutanea** per benefici sistemici.

Dosaggio topico: GHK-Cu viene tipicamente utilizzato in sieri o creme a concentrazioni dello **0,5-1%**, applicato sulla pelle **una o due volte al giorno**.

Dosaggio iniettabile: per benefici sistemici per la pelle e i capelli, GHK-Cu può essere somministrato per via sottocutanea a una dose di **2-5 mg per iniezione**, solitamente assunto **una volta al giorno** per un **ciclo di 4-6 settimane**.

Argireline

Argireline è un peptide spesso indicato come "Botox in bottiglia" per la sua capacità di ridurre la formazione delle rughe. Argireline agisce inibendo le contrazioni muscolari, riducendo la comparsa di linee sottili e rughe, in particolare intorno agli occhi e alla fronte. A differenza del Botox, Argireline può essere applicato localmente e non richiede iniezioni, il che lo rende un'opzione conveniente per chi cerca soluzioni antietà non invasive. L'argirelina si trova comunemente nei sieri e nelle creme e può essere combinata con altri peptidi per migliorare gli effetti antietà.

Benefici:

- **Riduzione della profondità delle rughe**: inibisce il rilascio di neurotrasmettitori per levigare le linee sottili e le rughe, in particolare nelle aree ad alta espressione come la fronte e il contorno occhi.

- **Compattezza e levigatezza della pelle**: Migliora la grana della pelle rilassando i muscoli sottostanti, ottenendo un aspetto più sodo e levigato.

- **Alternativa al Botox non invasiva**: fornisce effetti simili al Botox senza iniezioni, rendendolo accessibile per l'uso quotidiano nella cura della pelle.

Dosaggio consigliato:

- **Applicazione topica**: Tipicamente formulato in concentrazioni del 5-10% in sieri o creme per l'applicazione diretta sulle aree soggette a rughe.

Ciclo: Argireline può essere applicato quotidianamente come parte di una routine di cura della pelle, con effetti tipicamente evidenti entro poche settimane di uso costante.

PTD-DBM

PTD-DBM è un peptide cosmetico specificamente mirato alla crescita dei capelli e alla salute dei follicoli. Agisce inibendo la proteina CXXC5, che può interferire con la segnalazione Wnt/β-catenina, una via essenziale per la crescita dei capelli. Bloccando questa proteina, la PTD-DBM favorisce la rigenerazione del follicolo pilifero e migliora la salute del cuoio capelluto, rendendolo un trattamento promettente per la caduta e il diradamento dei capelli. PTD-DBM viene spesso utilizzato in combinazione con altri trattamenti che favoriscono i capelli.

Benefici:

- **Promuove la crescita dei capelli**: Stimola i follicoli piliferi dormienti, portando a capelli più spessi e pieni.

- **Miglioramento della salute del cuoio capelluto**: migliora le condizioni del cuoio capelluto sostenendo la salute del follicolo pilifero e riducendo l'infiammazione.

- **Supporta la rigenerazione del follicolo pilifero**: PTD-DBM incoraggia la crescita di nuovi capelli nelle aree diradate o calve prendendo di mira proteine specifiche che inibiscono lo sviluppo del follicolo pilifero.

Dosaggio consigliato:

- **Soluzione topica** applicata sul cuoio capelluto a una concentrazione di 0,1-0,5.

- Se utilizzato in ambito clinico, il PTD-DBM può essere somministrato a 5-10 mg a settimana, a seconda dell'entità della caduta dei capelli, attraverso **iniezioni sottocutanee** nel cuoio capelluto.

Ciclo: 8-12 settimane di applicazione costante, con risultati spesso visibili entro questo periodo. PTD-DBM può essere utilizzato in cicli ripetuti per un supporto continuo nella crescita e nel mantenimento dei capelli.

BPC-157

BPC-157, sebbene noto principalmente per le sue proprietà curative, può anche migliorare la salute della pelle promuovendo la riparazione dei tessuti e riducendo l'infiammazione. È stato usato per trattare ferite, ustioni e cicatrici, aiutando la pelle a guarire più velocemente e riducendo la comparsa di cicatrici. BPC-157 migliora il flusso sanguigno e promuove la rigenerazione dei tessuti, migliorando la qualità generale della pelle e riducendo i segni dell'invecchiamento.

La capacità del BPC-157 di promuovere l'angiogenesi (la formazione di nuovi vasi sanguigni) si aggiunge ulteriormente ai suoi benefici per la riparazione della pelle e la salute generale della pelle.

Benefici

Guarigione delle ferite: BPC-157 accelera la guarigione delle ferite cutanee promuovendo la rigenerazione dei tessuti e riducendo l'infiammazione. È particolarmente utile per il recupero post-chirurgico e la guarigione di ustioni, tagli e abrasioni.

Riduzione delle cicatrici: BPC-157 aiuta a ridurre al minimo la formazione di cicatrici promuovendo una sintesi più efficiente del collagene e riducendo la fibrosi (accumulo di tessuto in eccesso).

Effetti antinfiammatori: riduce l'infiammazione della pelle, il che può essere utile per il trattamento di condizioni come acne, dermatiti e altri disturbi infiammatori della pelle.

Rigenerazione della pelle: BPC-157 supporta la rigenerazione delle cellule della pelle, portando una pelle più liscia e dall'aspetto più sano nel tempo.

Metodo di somministrazione e dosaggio

BPC-157 può essere applicato **localmente** o somministrato tramite **iniezione sottocutanea**, a seconda dell'effetto desiderato.

Dosaggio topico: Se applicato localmente, BPC-157 viene generalmente utilizzato in concentrazioni di **250-500 mcg** per applicazione, applicato **una o due volte al giorno** sull'area interessata.

Dosaggio iniettabile: per la guarigione sistemica delle ferite e la rigenerazione della pelle, la dose iniettabile standard di BPC-157 è di **200-400 mcg per iniezione**, assunta **una o due volte al giorno**. I cicli di trattamento durano in genere **4-6 settimane**.

Melanotan I e II

Melanotan I e II sono analoghi sintetici dell'ormone alfa-melanocita stimolante (α-MSH), che regola la pigmentazione della pelle. Sono utilizzati principalmente per stimolare l'abbronzatura aumentando la produzione di melanina nella pelle. La melanina è il pigmento responsabile del colore della pelle e, promuovendone la produzione, i peptidi Melanotan possono dare agli utenti un'abbronzatura dall'aspetto naturale senza un'eccessiva esposizione al sole.

Oltre ai loro effetti abbronzanti, alcuni utenti riferiscono che i peptidi Melanotan migliorano la struttura della pelle e riducono la comparsa di imperfezioni o tono della pelle non uniforme.

Benefici

Abbronzatura della pelle: Melanotan I e II stimolano la produzione di melanina, portando a un'abbronzatura graduale e uniforme con una minima esposizione al sole. Ciò è particolarmente vantaggioso per le persone con pelle chiara che sono inclini a bruciare.

Protezione dai raggi UV: Aumentando i livelli di melanina, i peptidi Melanotan forniscono una difesa naturale contro i raggi UV, riducendo il rischio di scottature e danni alla pelle.

Trattamento dei disturbi della pigmentazione: Melanotan I e II possono aiutare a trattare i disturbi della pigmentazione come la vitiligine, in cui le aree della pelle perdono pigmento e diventano più chiare.

Aumento della libido (Melanotan II): Oltre ai suoi effetti abbronzanti, è stato dimostrato che Melanotan II migliora la libido e l'eccitazione sessuale agendo sui recettori della melanocortina nel cervello.

Metodo di somministrazione e dosaggio

I peptidi di melanotan vengono somministrati tramite **iniezione sottocutanea,** tipicamente nella zona addominale.

Dosaggio (Melanotan I): Per l'abbronzatura, il dosaggio tipico di Melanotan I è **di 0,5-1 mg per iniezione,** assunto **1-2 volte a settimana**. Inizialmente può essere necessario un dosaggio più frequente per aumentare i livelli di melanina.

Dosaggio (Melanotan II): Il dosaggio standard di Melanotan II è di **0,25-1 mg per iniezione,** assunto **a giorni alterni.**

5.9 Peptidi per le donne

Gli squilibri ormonali possono colpire le donne in diverse fasi della vita, dalle irregolarità mestruali alla menopausa. I peptidi offrono un approccio mirato per affrontare questi squilibri, aiutando le donne a migliorare il loro benessere generale, gestire i sintomi e migliorare la loro qualità di vita.

Kisspeptin

Kisspeptin è un peptide che svolge un ruolo chiave nella regolazione degli ormoni riproduttivi, in particolare stimolando il rilascio dell'ormone di rilascio delle gonadotropine (GnRH), che a sua volta regola la produzione di estrogeni e progesterone. Per le donne che hanno problemi di fertilità o squilibri ormonali, Kisspeptin può aiutare a ripristinare i normali livelli ormonali e migliorare la salute riproduttiva. Si è dimostrato promettente nel trattamento di condizioni come la sindrome dell'ovaio policistico (PCOS), una causa comune di infertilità nelle donne.

Benefici

Miglioramento della fertilità: Kisspeptin stimola l'ovulazione promuovendo il rilascio di GnRH, LH e FSH, migliorando la fertilità nelle donne che lottano con disturbi ovulatori.

Equilibrio ormonale: regolando il rilascio di ormoni sessuali, Kisspeptin aiuta a bilanciare i livelli di estrogeni e progesterone, promuovendo cicli mestruali regolari e riducendo i sintomi dello squilibrio ormonale.

Supporto per la PCOS: Kisspeptin si è dimostrata promettente nella regolazione dell'ovulazione e nella riduzione degli squilibri ormonali nelle donne con PCOS, una causa comune di infertilità.

Miglioramento della salute sessuale: Kisspeptin può migliorare la libido e la salute sessuale promuovendo livelli ormonali sani e migliorando la funzione riproduttiva generale.

Metodo di somministrazione e dosaggio

Kisspeptin viene somministrata tramite **iniezione sottocutanea.**

Dosaggio: Il dosaggio tipico per Kisspeptin è **di 100-200 mcg per iniezione,** assunto **1-2 volte al giorno.**

Durata del ciclo: Kisspeptin viene spesso utilizzata in cicli di **4-6 settimane,** in particolare per le donne che cercano di concepire o regolare i loro cicli mestruali.

Peptidi per la menopausa

La menopausa è un processo biologico naturale che segna la fine degli anni riproduttivi di una donna, che si verifica tipicamente tra i 45 e i 55 anni. È caratterizzato da un calo dei livelli di estrogeni e progesterone, che porta a sintomi come vampate di calore, sudorazioni notturne, sbalzi d'umore e disturbi del sonno.

Peptidi come **CJC-1295**, **Ipamorelin** e **GHK-Cu** si sono dimostrati promettenti nella gestione dei sintomi della menopausa sostenendo l'equilibrio ormonale, migliorando la salute della pelle e dei capelli e migliorando il benessere generale.

Questi peptidi stimolano il rilascio dell'ormone della crescita, che può aiutare ad alleviare gli effetti del declino ormonale, promuovere un sonno migliore e sostenere i processi anti-invecchiamento, soprattutto per le donne in menopausa.

Benefici

Sollievo dai sintomi: peptidi come CJC-1295 e ipamorelin aiutano ad alleviare i sintomi comuni della menopausa, tra cui vampate di calore, sudorazioni notturne e sbalzi d'umore, promuovendo l'equilibrio ormonale.

Miglioramento della salute della pelle e dei capelli: GHK-Cu supporta la produzione di collagene, che può aiutare a migliorare l'elasticità della pelle, ridurre le rughe e promuovere la crescita dei capelli, affrontando i problemi estetici spesso associati alla menopausa.

Sonno e livelli di energia: migliorando il rilascio dell'ormone della crescita e regolando i cicli del sonno, questi peptidi aiutano le donne a raggiungere una migliore qualità del sonno, una maggiore energia e un miglioramento del benessere generale.

Metodo di somministrazione e dosaggio

I peptidi per la menopausa vengono generalmente somministrati tramite iniezione sottocutanea.

Dosaggio: CJC-1295 e Ipamorelin sono tipicamente dosati a **100-300 mcg per iniezione**, assunti **una volta al giorno**, mentre GHK-Cu è dosato a **2-5 mg per iniezione**, solitamente assunto **una volta al giorno** per benefici per pelle e capelli.

Durata del ciclo: questi peptidi sono spesso utilizzati in cicli di **8-12 settimane**.

PT-141

PT-141 (Bremelanotide) è un potente peptide che aumenta il desiderio sessuale e l'eccitazione sia negli uomini che nelle donne agendo sui recettori della melanocortina nel cervello. Per le donne, PT-141 offre un trattamento efficace per la bassa libido, il disturbo da desiderio sessuale ipoattivo (HSDD) e la disfunzione sessuale, in particolare quelle legate ai cambiamenti ormonali, come la menopausa. A differenza dei tradizionali trattamenti per la libido che si concentrano esclusivamente sulle prestazioni fisiche, PT-141 si rivolge alle vie di eccitazione del cervello per aumentare il desiderio sessuale.

Benefici

- **Aumento della libido**: PT-141 stimola direttamente il desiderio sessuale e l'eccitazione, rendendolo particolarmente efficace per le donne con bassa libido o disturbo del desiderio sessuale ipoattivo (HSDD).

- **Miglioramento della soddisfazione sessuale**: migliorando la risposta sessuale, PT-141 può migliorare la soddisfazione sessuale generale, rendendo più facile per le donne raggiungere l'orgasmo e godere di una vita sessuale più appagante.

- **Azione rapida**: PT-141 ha un'insorgenza rapida dell'azione, in genere entro 30-60 minuti, il che lo rende adatto per l'uso prima dell'attività sessuale.

Metodo di somministrazione e dosaggio

PT-141 viene somministrato tramite **iniezione sottocutanea**, in genere prima dell'attività sessuale.

- **Dosaggio**: Il dosaggio standard di PT-141 per l'aumento della libido è di **1-2 mg per iniezione**, assunto circa **30-60 minuti prima dell'attività sessuale**.

- **Durata del ciclo**: PT-141 può essere utilizzato in base alle necessità, in genere non più di una volta ogni 24-48 ore.

5.10 Peptidi per gli uomini

Con l'avanzare dell'età, gli uomini sperimentano un calo dei livelli ormonali, in particolare del testosterone. Questa condizione, spesso indicata come andropausa o menopausa maschile, può portare a sintomi come bassa energia, diminuzione della libido, sbalzi d'umore e riduzione della massa muscolare. I peptidi vengono sempre più utilizzati per aiutare gli uomini ad affrontare questi squilibri ormonali e mantenere la loro salute e vitalità con l'avanzare dell'età.

Gonadorelin

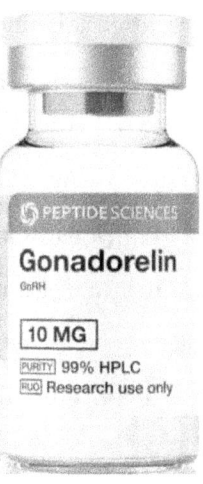

Gonadorelin è un peptide che stimola la produzione dell'ormone luteinizzante (LH), responsabile della regolazione della produzione di testosterone negli uomini. Aumentando i livelli di LH, la Gonadorelin aiuta a stimolare la produzione naturale di testosterone da parte dell'organismo, rendendola un trattamento efficace per gli uomini che hanno a che fare con bassi livelli di testosterone. Può essere utilizzato come alternativa alla tradizionale terapia sostitutiva del testosterone (TRT) per gli uomini che desiderano ripristinare i loro livelli naturali di testosterone senza fare affidamento sugli ormoni sintetici.

Benefici

Aumento della produzione di testosterone: la Gonadorelin stimola il rilascio di LH e FSH, portando a un aumento naturale dei livelli di testosterone. Questo aiuta a migliorare la libido, l'energia e la massa muscolare.

Fertilità: oltre ad aumentare il testosterone, la Gonadorelin supporta la produzione di spermatozoi, migliorando la fertilità negli uomini con un basso numero di spermatozoi o una scarsa motilità degli spermatozoi.

Umore e chiarezza mentale: ripristinando l'equilibrio ormonale, la Gonadorelin può aiutare a migliorare l'umore, ridurre i sintomi della depressione e migliorare la funzione cognitiva.

Metodo di somministrazione e dosaggio

La Gonadorelin viene somministrata tramite iniezione sottocutanea o intramuscolare.

Dosaggio: Il dosaggio tipico di Gonadorelin per la stimolazione del testosterone è di **100-200 mcg per iniezione**, assunto **1-2 volte al giorno**.

Durata del ciclo: La Gonadorelin viene spesso utilizzata in cicli di **4-6 settimane**.

Kisspeptin

Kisspeptin svolge anche un ruolo nella salute ormonale maschile regolando il rilascio di GnRH, che a sua volta stimola la produzione di testosterone. È stato dimostrato che Kisspeptin migliora la fertilità negli uomini promuovendo una sana produzione di spermatozoi e migliorando la salute riproduttiva generale.

Per gli uomini che sperimentano un calo dei livelli di testosterone a causa dell'invecchiamento o di altri fattori, Kisspeptin può aiutare a ripristinare l'equilibrio e migliorare la libido, le prestazioni sessuali e l'umore.

Benefici

Aumento dei livelli di testosterone: Kisspeptin aumenta la produzione di testosterone, migliorando la libido, l'energia e le prestazioni sessuali.

Fertilità: Stimolando la produzione di spermatozoi, Kisspeptin può migliorare la fertilità negli uomini con un basso numero di spermatozoi o una scarsa motilità degli spermatozoi.

Miglioramento della salute sessuale: Kisspeptin migliora il desiderio e le prestazioni sessuali, rendendola uno strumento prezioso per gli uomini con bassa libido o disfunzione erettile.

Metodo di somministrazione e dosaggio

Kisspeptin viene somministrata tramite **iniezione sottocutanea**.

Dosaggio: Il dosaggio tipico di Kisspeptin per la fertilità e il miglioramento del testosterone è di **100-200 mcg per iniezione**, assunto **1-2 volte al giorno**.

Durata del ciclo: Kisspeptin è comunemente usata in **cicli di 4-6 settimane**.

PT-141

PT-141 è un altro peptide che si è dimostrato utile per gli uomini che soffrono di disfunzione erettile o bassa libido. A differenza dei tradizionali farmaci per la disfunzione erettile, che si concentrano sul miglioramento del flusso sanguigno, il PT-141 agisce stimolando il desiderio sessuale. A differenza dei tradizionali trattamenti per la disfunzione erettile che si concentrano esclusivamente sull'aumento del flusso sanguigno al pene, PT-141 agisce stimolando il desiderio sessuale e aumentando i meccanismi naturali di eccitazione del corpo.

Si è dimostrato efficace per gli uomini con disfunzione erettile (DE), in particolare per quelli che non hanno risposto bene agli inibitori della PDE5 (come il Viagra).

Benefici

Miglioramento della funzione erettile: PT-141 migliora la funzione erettile aumentando l'eccitazione sessuale, rendendolo particolarmente efficace per gli uomini con disfunzione erettile causata da fattori psicologici o ormonali.

Aumento della libido: PT-141 aumenta il desiderio sessuale, rendendo più facile per gli uomini raggiungere e mantenere l'erezione durante l'attività sessuale.

Insorgenza rapida: PT-141 ha un'insorgenza rapida dell'azione, in genere entro 30-60 minuti, il che lo rende adatto per l'uso su richiesta prima dell'attività sessuale.

Metodo di somministrazione e dosaggio

PT-141 viene somministrato tramite **iniezione sottocutanea**, in genere prima dell'attività sessuale.

Dosaggio: Il dosaggio standard di PT-141 è di **1-2 mg per iniezione**, assunto **30-60 minuti prima dell'attività sessuale**.

Durata del ciclo: PT-141 viene utilizzato in base alle necessità e non deve essere assunto più di una volta ogni 24-48 ore.

CAPITOLO 6. STACK E COMBINAZIONI DI PEPTIDI

La combinazione di peptidi, nota come impilamento di peptidi, è una strategia popolare utilizzata dalle persone che cercano di migliorare l'efficacia della loro terapia peptidica. L'impilamento dei peptidi consente agli utenti di ottenere risultati e benefici più significativi rispetto all'utilizzo di un singolo peptide da solo, indipendentemente dal fatto che il loro obiettivo sia la crescita muscolare, la perdita di grasso, l'anti-invecchiamento, il miglioramento cognitivo o il supporto immunitario. Gli stack in genere coinvolgono due o più peptidi che vengono ciclicamente insieme per un periodo specifico, seguiti da una pausa o da un "ciclo di riposo" per consentire al corpo di ripristinarsi. Questi cicli possono variare a seconda degli obiettivi dell'utente e dei peptidi impilati.

Se eseguito correttamente, l'impilamento dei peptidi consente agli utenti di affrontare più processi fisiologici contemporaneamente, portando a effetti sinergici che superano i benefici dell'utilizzo di un singolo peptide. Tuttavia, per ottenere i migliori risultati, è importante capire come i diversi peptidi interagiscono tra loro e come ciclarli in modo efficace per evitare rendimenti decrescenti o effetti collaterali.

Quando si impilano i peptidi, l'obiettivo è combinare peptidi che agiscono attraverso percorsi diversi ma complementari per ottenere una gamma più ampia di effetti. Ciò consente di ottenere risultati complessivi maggiori in aree come la crescita muscolare, la perdita di grasso e il recupero. Ad esempio, l'impilamento dei peptidi di rilascio dell'ormone della crescita (GHRP) con peptidi che promuovono la riparazione dei tessuti può portare a un migliore recupero dagli allenamenti e a una crescita muscolare più significativa.

6.1 Pile di peptidi /combo per la perdita di grasso

Ipamorelin + CJC-1295

La combinazione di Ipamorelin con CJC-1295 crea un potente stack per la perdita di grasso. Ipamorelin stimola il rilascio dell'ormone della crescita, mentre CJC-1295 aumenta la durata di questo rilascio. Insieme, stimolano il metabolismo e aiutano a ridurre il grasso, soprattutto se abbinati alla dieta e all'esercizio fisico.

Benefici:

- **Fat Breakdown:** Stimola la lipolisi rilasciando l'ormone della crescita.

- **Conservazione muscolare:** entrambi i peptidi aiutano a mantenere la massa muscolare durante la perdita di grasso.

- **Aumento dell'energia e del metabolismo:** gli utenti sperimentano un aumento del tasso metabolico, bruciando più calorie anche a riposo.

Dosaggio consigliato:

- **Ipamorelin:** 200-300 mcg per iniezione, assunta 1-2 volte al giorno.

- **CJC-1295:** 1 mg per iniezione, due volte a settimana.

Ipamorelin + CJC-1295 + AOD-9604

Questa combinazione sfrutta le proprietà bruciagrassi della stimolazione dell'ormone della crescita (GH) con gli effetti mirati di perdita di grasso di AOD-9604. Ipamorelin e CJC-1295 innescano entrambi il rilascio dell'ormone della crescita, favorendo il metabolismo dei grassi e la ritenzione muscolare. AOD-

9604 aumenta il processo di combustione dei grassi senza aumentare i livelli di zucchero nel sangue, rendendolo ideale per coloro che mirano a perdere peso preservando la massa muscolare magra.

Benefici:

- **Degradazione del grasso**: Ipamorelin e CJC-1295 promuovono la lipolisi attraverso la stimolazione del GH. AOD-9604 aggiunge un ulteriore livello di riduzione del grasso, in particolare intorno alle aree ostinate come l'addome.

- **Conservazione muscolare**: Pur concentrandosi sulla riduzione del grasso, lo stack aiuta a mantenere la massa muscolare magra.

- **Aumento del metabolismo**: gli effetti dell'ormone della crescita sul metabolismo consentono di bruciare calorie anche a riposo, mentre AOD-9604 fornisce specifici meccanismi di targeting del grasso.

Dosaggio:

- **Ipamorelin**: 200-300 mcg per iniezione, assunta 1-2 volte al giorno.
- **CJC-1295**: 1 mg per iniezione, due volte alla settimana.
- **AOD-9604**: 300 mcg al giorno, tramite iniezione sottocutanea.

Semaglutide + MOTS-C + Tesamorelin

Questo stack combina **Semaglutide**, un agonista del recettore GLP-1 che riduce l'appetito e promuove la perdita di peso, **MOTS-C**, un peptide mitocondriale che migliora l'ossidazione dei grassi, e **Tesamorelin**, che agisce specificamente sul grasso viscerale. Insieme, questi peptidi creano un potente stack di perdita di grasso per le persone che cercano di ridurre il grasso e gestire la salute metabolica.

Benefici:

- **Controllo dell'appetito**: Semaglutide aiuta a ridurre le voglie e l'apporto calorico ritardando lo svuotamento gastrico.

- **Ossidazione dei grassi**: MOTS-C aumenta la funzione mitocondriale, consentendo una combustione dei grassi più efficiente durante l'esercizio.

- **Riduzione del grasso viscerale**: la tesamorelina è particolarmente efficace nel ridurre il grasso della pancia, migliorando la composizione corporea.

Metodo di somministrazione e dosaggio:

- **Semaglutide**: 0,25-1,0 mg alla settimana, tramite iniezione sottocutanea.
- **MOTS-C**: 10 mg a settimana, suddivisi in 2-3 iniezioni.
- **Tesamorelin**: 2 mg al giorno, tramite iniezione sottocutanea.

Ciclo: 12-16 settimane, con pause periodiche per monitorare la sensibilità all'insulina e le risposte metaboliche.

Tirzepatide + Tesofensine + 5-Amino 1MQ

La tirzepatide combina la stimolazione del recettore GLP-1 e GIP per promuovere la perdita di grasso e il controllo metabolico. Abbinato alla **tesofensina**, che sopprime l'appetito, e al **5-Amino 1MQ**, che aiuta il metabolismo cellulare, questo stack offre un potente potenziale brucia grassi mantenendo l'energia e la concentrazione durante un regime di perdita di peso.

Benefici:

- **Appetito e metabolismo**: la tirzepatide e la tesofensina lavorano insieme per ridurre la fame aumentando la capacità di bruciare i grassi del corpo.
- **Metabolismo dei grassi**: il 5-Amino 1MQ stimola l'ossidazione dei grassi prendendo di mira le vie cellulari coinvolte nel metabolismo.
- **Perdita di peso sostenuta**: questo stack garantisce una perdita di grasso costante con massa muscolare magra preservata.

Dosaggio:

- **Tirzepatide**: 2,5-15 mg a settimana, tramite iniezione sottocutanea.
- **Tesofensine**: 0,5 mg per via orale, al giorno.
- **5-Amino 1MQ:** 50-100 mg per via orale, al giorno.

Ciclo: 8-12 settimane per ottenere i migliori risultati, con pause per ripristinare le risposte metaboliche.

Tesamorelin + CJC-1295 + MK-677

Questo stack è ideale per le persone che cercano di bruciare grassi e allo stesso tempo aumentare la massa muscolare magra. **Tesamorelin** e **CJC-1295** stimolano entrambi il rilascio dell'ormone della crescita, promuovendo la perdita di grasso, mentre **MK-677** aumenta l'appetito e supporta la crescita muscolare, rendendolo uno stack equilibrato per la ricomposizione corporea.

Benefici:

- **Riduzione del grasso e aumento muscolare**: Tesamorelin e CJC-1295 innescano il metabolismo dei grassi mantenendo o aumentando la massa muscolare.
- **Aumento dell'appetito e del recupero**: MK-677 migliora l'appetito e supporta il recupero da allenamenti intensi.
- **Miglioramento del metabolismo**: la combinazione accelera il metabolismo, garantendo un'efficiente combustione dei grassi per tutto il giorno.

Metodo di somministrazione e dosaggio:

- **Tesamorelin**: 2 mg al giorno.
- **CJC-1295**: 1 mg due volte alla settimana.
- **MK-677**: 10-25 mg al giorno, per via orale.

Ciclo: 12-16 settimane con una pausa.

AOD-9604 + Ipamorelin + Tirzepatide

Questo stack sfrutta le capacità di bruciare i grassi di **AOD-9604,** mentre **Ipamorelin** e la **tirzepatide** accelerano ulteriormente la perdita di grasso e migliorano il metabolismo. È uno stack ideale per le persone che hanno bisogno di un forte controllo dell'appetito e di una riduzione mirata del grasso.

Benefici:

- **Riduzione mirata del grasso**: AOD-9604 si concentra sulle aree adipose ostinate come l'addome.
- **Soppressione dell'appetito**: la tirzepatide frena le voglie, aiutando gli utenti ad aderire a diete ipocaloriche.
- **Metabolismo dei grassi:** Ipamorelin aumenta la scomposizione delle riserve di grasso, migliorando la composizione corporea complessiva.

Dosaggio:

- **AOD-9604**: 300 mcg al giorno, per iniezione.
- **Ipamorelin**: 200-300 mcg, 1-2 volte al giorno, tramite iniezione.
- **Tirzepatide**: 5 mg alla settimana, per iniezione.

NB: Questo elenco non è esaustivo, ma può essere modificato in base alle tue esigenze personali.

6.2 Pile di peptidi /combo per la crescita muscolare

CJC-1295 + Ipamorelin + IGF-1 LR3

Questo potente stack/combinazione mira alla produzione dell'ormone della crescita, alla proliferazione delle cellule muscolari e al recupero. **CJC-1295** fornisce un rilascio prolungato dell'ormone della crescita, **Ipamorelin** innesca picchi immediati dell'ormone della crescita e **IGF-1 LR3** promuove la crescita e la rigenerazione delle cellule muscolari. Insieme, formano una forte combinazione per le persone che mirano ad aumentare la massa muscolare, migliorare la forza e accelerare il recupero.

Benefici:

- **Rilascio dell'ormone della crescita:** CJC-1295 mantiene elevati livelli di ormone della crescita, supportando la crescita muscolare a lungo termine.
- **Riparazione e crescita muscolare:** IGF-1 LR3 aumenta la proliferazione delle cellule muscolari, accelerando la riparazione dopo gli allenamenti e promuovendo una crescita muscolare più densa.
- **Riduzione del grasso:** gli effetti dell'ormone della crescita sul metabolismo aiutano a bruciare i grassi preservando la massa muscolare.

Dosaggio:

- **CJC-1295:** 1000 mcg due volte alla settimana, tramite iniezione sottocutanea.
- **Ipamorelin:** 200-300 mcg, 1-2 volte al giorno, tramite iniezione sottocutanea.
- **IGF-1 LR3:** 20-50 mcg al giorno, tramite iniezione sottocutanea, preferibilmente post-allenamento.

Ciclo: 8-12 settimane con pause di 4-6 settimane.

CJC-1295 + Ipamorelin + BPC-157

Questo stack combina **CJC-1295** e **Ipamorelin** per un rilascio sostenuto e immediato dell'ormone della crescita, abbinato a **BPC-157** per promuovere una rapida riparazione dei tessuti e ridurre l'infiammazione. **CJC-1295** fornisce un rilascio costante dell'ormone della crescita, mentre **Ipamorelin** stimola una rapida esplosione, migliorando la crescita e il recupero muscolare. **BPC-157** li integra aiutando nella guarigione e nella riparazione, rendendo questa combinazione ideale per atleti e bodybuilder concentrati sulla forza e sul recupero.

Benefici:

- **Crescita muscolare**: CJC-1295 e Ipamorelin stimolano il rilascio dell'ormone della crescita, favorendo lo sviluppo e il mantenimento dei muscoli.

- **Recupero**: BPC-157 accelera la riparazione dei tessuti, riducendo l'infiammazione e favorendo un recupero più rapido dopo gli allenamenti.

- **Riduzione del rischio di lesioni**: BPC-157 supporta la salute di articolazioni, legamenti e tendini, rendendolo ideale per prevenire lesioni da uso eccessivo.

Dosaggio:

- **CJC-1295**: 1000 mcg due volte alla settimana, tramite iniezione sottocutanea.

- **Ipamorelin:** 200-300 mcg, 1-2 volte al giorno, tramite iniezione sottocutanea.

- **BPC-157**: 200-500 mcg al giorno, tramite iniezione sottocutanea.

Ciclo: 8-12 settimane, con una pausa di 4-6 settimane.

CJC-1295 + GHRP-2 + BPC-157

Questo stack di crescita e recupero muscolare combina **CJC-1295** e **GHRP-2** per stimolare il rilascio dell'ormone della crescita, mentre **BPC-157** promuove la riparazione dei tessuti. **CJC-1295** fornisce un aumento dell'ormone della crescita a lunga durata d'azione e **GHRP-2** offre picchi di GH immediati, che migliorano la crescita muscolare e migliorano la velocità di recupero. **BPC-157** aiuta a ridurre l'infiammazione e supporta la salute delle articolazioni, il che è particolarmente utile durante l'allenamento intenso.

Benefici:

- **Massa muscolare e perdita di grasso**: CJC-1295 e GHRP-2 stimolano l'ormone della crescita, promuovendo la crescita della massa muscolare magra e aiutando a ridurre il grasso corporeo.

- **Recupero accelerato**: BPC-157 aiuta a riparare i tessuti danneggiati e ridurre l'infiammazione, favorendo un recupero più rapido.

- **Miglioramento della salute delle articolazioni**: BPC-157 supporta legamenti e tendini, riducendo il rischio di lesioni durante il sollevamento di carichi pesanti o l'esercizio intenso.

Dosaggio:

- **CJC-1295:**1000 mcg due volte alla settimana, tramite iniezione sottocutanea.

- **GHRP-2:** 100-300 mcg, 1-2 volte al giorno, tramite iniezione sottocutanea.
- **BPC-157:** 200-500 mcg al giorno, tramite iniezione sottocutanea.

Ciclo: 8-12 settimane, con pause intermedie.

CJC-1295 + GHRP-6 + BPC-157

Questa combinazione/stack combina **CJC-1295** e **GHRP-6** per promuovere il rilascio dell'ormone della crescita con **BPC-157** per la guarigione dei tessuti e la riduzione dell'infiammazione. **CJC-1295** fornisce un rilascio di GH di lunga durata, mentre **GHRP-6** induce un forte appetito, supportando i guadagni muscolari per coloro che mirano a ingrassare. **BPC-157** aiuta nella riparazione dei tessuti, rendendo questo stack vantaggioso per la crescita muscolare, il recupero e la prevenzione degli infortuni.

Benefici:

- **Rilascio dell'ormone della crescita e sviluppo muscolare**: CJC-1295 e GHRP-6 lavorano insieme per sostenere la crescita muscolare, ridurre il grasso e migliorare il recupero.
- **Miglioramento dell'appetito per il bulking**: GHRP-6 stimola l'appetito, rendendo più facile soddisfare l'aumento del fabbisogno calorico per la crescita muscolare.
- **Guarigione più rapida e riduzione dell'infiammazione**: BPC-157 supporta il recupero di muscoli, tendini e legamenti, riducendo i tempi di inattività tra le sessioni di allenamento.

Dosaggio:

- **CJC-1295:** 1000 mcg due volte alla settimana, tramite iniezione sottocutanea.
- **GHRP-6**: 100-300 mcg, 1-2 volte al giorno, tramite iniezione sottocutanea.
- **BPC-157:** 200-500 mcg al giorno, tramite iniezione sottocutanea.

Ciclo: 8-12 settimane, con una pausa di 4 settimane tra i cicli.

MK-677 + GHRP-6 + PEG-MGF

Questa combinazione/stack combina **MK-677**, un secretagogo orale dell'ormone della crescita, con **GHRP-6**, un potente GHRP che aumenta la secrezione di GH, e **PEG-MGF**, che aumenta la riparazione muscolare. Questo stack è progettato per le persone focalizzate sul bulking, in quanto promuove sia il guadagno muscolare che un migliore recupero.

Benefici:

- **Guadagno di massa muscolare magra:** MK-677 e GHRP-6 stimolano il rilascio di GH, supportando l'ipertrofia e la ritenzione muscolare.
- **Recupero migliorato:** PEG-MGF aiuta nella riparazione muscolare aumentando l'attivazione delle cellule satelliti, accelerando il processo di recupero dopo un allenamento intenso.
- **Appetito:** GHRP-6 aumenta l'appetito, supportando l'aumento dell'apporto calorico necessario per la crescita muscolare.

Dosaggio:

- **MK-677 (orale):** 10-25 mg al giorno.

- **GHRP-6:** 100-200 mcg, 1-2 volte al giorno, tramite iniezione sottocutanea.

- **PEG-MGF:** 200-400 mcg, 2-3 volte alla settimana, tramite iniezione sottocutanea.

Ciclo: 12-16 settimane per ottenere i migliori risultati, seguite da una pausa di 4 settimane per ripristinare i recettori dell'ormone della crescita (GH).

TB-500 + BPC-157 + CJC-1295

Questo stack/combinazione è focalizzato sul recupero e la riparazione muscolare, rendendolo utile per atleti o bodybuilder che si stanno riprendendo da infortuni o per coloro che si sottopongono ad allenamenti ad alta intensità. **TB-500** e **BPC-157** accelerano la riparazione dei tessuti, mentre **CJC-1295** aumenta l'ormone della crescita per favorire ulteriormente il recupero e la crescita muscolare.

Benefici:

- **Recupero dalle lesioni:** TB-500 e BPC-157 accelerano la guarigione delle lesioni muscolari, tendinee e legamentose.

- **Riparazione dei tessuti:** CJC-1295 supporta la rigenerazione muscolare a lungo termine aumentando i livelli dell'ormone della crescita.

- **Resistenza muscolare migliorata:** questo stack aiuta i muscoli a recuperare più velocemente, consentendo di più

Dosaggio:

- **TB-500:** 2-5 mg a settimana, tramite iniezione sottocutanea.

- **BPC-157:** 200-500 mcg, 1-2 volte al giorno, tramite iniezione sottocutanea.

- **CJC-1295:** 1000 mcg due volte alla settimana, tramite iniezione sottocutanea.

IGF-1 DES + Follistatina-344 + GHRP-2

Questa potente combinazione di costruzione muscolare si concentra sulla crescita delle cellule muscolari e sull'inibizione della miostatina, una proteina che limita lo sviluppo muscolare. **IGF-1 DES e Follistatin-344 promuovono l'**ipertrofia muscolare incoraggiando la crescita di nuove fibre muscolari e bloccando la miostatina. **GHRP-2** supporta la secrezione dell'ormone della crescita per aiutare ulteriormente la riparazione e la crescita muscolare.

Benefici:

- **Ipertrofia muscolare:** IGF-1 DES e Follistatin-344 aumentano significativamente la crescita delle cellule muscolari, portando a rapidi guadagni di dimensioni e forza.

- **Inibizione della miostatina:** la follistatina-344 blocca la miostatina, consentendo una crescita muscolare illimitata.

- **Aumento dell'ormone della crescita:** GHRP-2 innesca il rilascio naturale di GH, aumentando la riparazione muscolare e le prestazioni.

Dosaggio:

- **IGF-1 DES:** 50-100 mcg al giorno, tramite **iniezione sottocutanea** o intramuscolare.

- **Follistatin-344:** 100 mcg al giorno per 10 giorni, tramite **iniezione sottocutanea** o intramuscolare.
- **GHRP-2:** 100-200 mcg, 1-2 volte al giorno, tramite iniezione sottocutanea.

Ciclo: 8-10 settimane per un guadagno muscolare ottimale, seguito da una pausa di 4-6 settimane.

Hexarelin + Ipamorelin + IGF-1 LR3

Combinando **Hexarelin**, uno dei più potenti peptidi di rilascio dell'ormone della crescita, con Ipamorelin e **IGF-1 LR3**, questo stack aumenta il rilascio dell'ormone della crescita sia a breve che a lungo termine. **Hexarelin** e **Ipamorelin** insieme assicurano un potente picco di GH, mentre **IGF-1 LR3** promuove la crescita e la riparazione muscolare, rendendo questo stack efficace per la costruzione muscolare e la ricomposizione corporea.

Benefici:

- **Potente rilascio di GH:** Hexarelin fornisce un forte aumento dell'ormone della crescita, completato dal rilascio graduale e prolungato di Ipamorelin.
- **Crescita muscolare:** IGF-1 LR3 promuove la crescita di nuove cellule muscolari e aiuta a riparare i micro-strappi causati da un allenamento intenso.
- **Composizione corporea migliorata:** questo stack supporta l'ipertrofia muscolare riducendo il grasso corporeo.

Dosaggio:

- **Esarelina:** 100-200 mcg, 1-2 volte al giorno, tramite iniezione sottocutanea.
- **Ipamorelin:** 200-300 mcg, 1-2 volte al giorno, tramite iniezione sottocutanea.
- **IGF-1 LR3:** 20-50 mcg al giorno, tramite iniezione sottocutanea.

Ciclo: 8-12 settimane con una pausa di 4 settimane.

Hexarelin + TB-500 + PEG-MGF

Questa combinazione/stack è progettata per una crescita e un recupero muscolare significativi. **Hexarelin** è un potente peptide di rilascio dell'ormone della crescita, **TB-500** supporta la riparazione dei tessuti e riduce l'infiammazione e **PEG-MGF** (Pegylated Mechano Growth Factor) stimola la riparazione e la crescita delle cellule muscolari. Questo stack è ideale per atleti e bodybuilder che mirano a ottimizzare i guadagni muscolari, migliorare la velocità di recupero e prevenire gli infortuni.

Benefici:

- **Rilascio massimizzato dell'ormone della crescita**: Hexarelin fornisce un potente aumento del GH, promuovendo lo sviluppo muscolare e riducendo le riserve di grasso.
- **Riparazione dei tessuti e dei muscoli**: TB-500 accelera la guarigione e supporta la salute del tessuto connettivo, rendendolo eccellente per la prevenzione degli infortuni.
- **Aumento della crescita delle cellule muscolari**: PEG-MGF promuove la crescita delle fibre muscolari e aiuta il recupero dopo un intenso esercizio fisico.

Metodo di somministrazione e dosaggio:

- **Esarelina**: 100-200 mcg, 1-2 volte al giorno, tramite iniezione sottocutanea.
- **TB-500**: 2-5 mg a settimana, tramite iniezione sottocutanea.
- **PEG-MGF**: 200-400 mcg, 2-3 volte a settimana, iniettato direttamente nel muscolo dopo l'allenamento.

Ciclo: 8-12 settimane, con una pausa di 4 settimane per consentire il ripristino dei recettori dell'ormone della crescita.

6.3 Salute del cervello e prestazioni cognitive Stack/Combo

Semax + Selank + Cerebrolysin

Questa combinazione di **Semax**, **Selank** e **Cerebrolysin** si concentra sul miglioramento della funzione cognitiva, della conservazione della memoria e della neuroprotezione. **Semax** è un peptide nootropico noto per migliorare la concentrazione e le prestazioni cognitive, mentre **Selank** aiuta a ridurre l'ansia e migliora l'umore. **Cerebrolysin**, una miscela di neuropeptidi, protegge le cellule cerebrali e promuove la riparazione cerebrale, rendendo questo stack ideale per aumentare la lucidità mentale e la salute del cervello a lungo termine.

Benefici:

- **Messa a fuoco e memoria migliorate**: Semax migliora la concentrazione, l'attenzione e la capacità di apprendimento. Viene spesso utilizzato da individui che cercano prestazioni mentali più nitide.
- **Riduzione dell'ansia e dello stress**: Selank agisce come ansiolitico, aiutando a ridurre lo stress e l'ansia, portando a una migliore funzione cognitiva generale.
- **Neuroprotezione e riparazione cerebrale**: Cerebrolysin supporta la riparazione delle cellule cerebrali e protegge i neuroni dai danni, rendendola benefica sia per il miglioramento cognitivo che per la neuroprotezione.

Dosaggio consigliato:

- **Semax**: 300 mcg, 2-3 volte al giorno, tramite spray nasale o iniezione. **Lo spray nasale** è il metodo più comune.
- **Selank** : 200-300 mcg, 2-3 volte al giorno, tramite spray nasale o iniezione.
- **Cerebrolysin (iniezione):** 5-10 ml, 2-3 volte a settimana, tramite iniezione intramuscolare o endovenosa.

Ciclo: 4-6 settimane, seguite da una pausa di 2 settimane per verificare i miglioramenti cognitivi e la risposta.

Semax + Selank + Dihexa

Questa combinazione/stack combina **Semax**, **Selank** e **Dihexa** per aumentare la concentrazione, ridurre l'ansia e migliorare la connettività sinaptica nel cervello. **Semax** è noto per i suoi effetti cognitivi, migliorando la memoria e la concentrazione, mentre **Selank** riduce lo stress e l'ansia. **Dihexa** migliora la neuroplasticità promuovendo la formazione di nuove sinapsi, che è benefica per la memoria a lungo termine e la resilienza cognitiva. Insieme, questi peptidi formano un potente stack di supporto cognitivo ideale per professionisti, studenti o chiunque abbia bisogno di chiarezza mentale prolungata.

Benefici:

- **Aumento della concentrazione e della memoria**: Semax migliora la concentrazione e l'acutezza mentale, rendendo più facile rimanere concentrati su compiti complessi.

- **Riduzione dello stress e dell'ansia**: Selank stabilizza l'umore, riduce l'ansia e supporta uno stato calmo e concentrato, migliorando la funzione cognitiva generale.

- **Neuroplasticità**: la diassia supporta la formazione delle sinapsi, favorendo la conservazione della memoria e la flessibilità cognitiva, particolarmente preziosa per l'apprendimento e la risoluzione dei problemi.

Dosaggio consigliato:

- **Semax** : 300 mcg, 2-3 volte al giorno, tramite spray nasale o iniezione. Lo spray nasale è comunemente usato per comodità.

- **Selank:** 200-300 mcg, 2-3 volte al giorno, tramite spray nasale o iniezione

- **Dihexa**: 10 mg al giorno, per via orale o intramuscolare.

Ciclo: 8-12 settimane, con una pausa di 4 settimane per consentire ai recettori di ripristinarsi, specialmente con Dihexa.

Dihexa + Selank + FGL

Questa combinazione/stack combina **Dihexa**, **Selank** e **FGL**, che promuovono la neuroplasticità, il miglioramento cognitivo e la formazione della memoria. **Dihexa** è un potente peptide nootropico che migliora la connettività sinaptica, mentre **il Selank** riduce l'ansia e lo stress, che spesso ostacolano le prestazioni cognitive. **FGL** supporta la neuroplasticità e la ritenzione della memoria, rendendo questo stack eccellente per il miglioramento cognitivo a lungo termine e la riparazione del cervello.

Benefici:

- **Miglioramento della neuroplasticità**: diasma e FGL lavorano insieme per migliorare le connessioni sinaptiche, supportando l'apprendimento e la memoria.

- **Stabilizzazione dell'umore**: Selank aiuta a bilanciare l'umore e riduce lo stress, consentendo una migliore funzione cognitiva.

- **Supporto alla memoria**: questa combinazione aiuta a formare e conservare nuovi ricordi, rendendola ideale per studenti, professionisti o individui che si stanno riprendendo da lesioni cerebrali.

Dosaggio consigliato:

- **Dihexa:** 10 mg al giorno, per via orale o intramuscolare.

- **Selank:** 200-300 mcg, 2-3 volte al giorno, tramite spray nasale o iniezione.

- **FGL:** 100-200 mcg, 1-2 volte al giorno, tramite iniezione sottocutanea.

Ciclo: 8-12 settimane, con una pausa di 4 settimane tra i cicli per evitare l'accumulo di tolleranza.

Cerebrolysin + Semax + Epitalon

Questa combinazione enfatizza la riparazione cerebrale e la neuroprotezione, in particolare per gli individui con malattie neurodegenerative o declino cognitivo. **Cerebrolysin** e **Semax** stimolano la riparazione cerebrale e il potenziamento cognitivo, mentre **Epitalon** regola i ritmi circadiani e la produzione di melatonina, supportando sia la funzione cerebrale che la qualità del sonno, essenziale per il recupero cognitivo.

Benefici:

- **Miglioramento cognitivo e riparazione**: Cerebrolysin migliora la funzione cerebrale stimolando la crescita e la riparazione dei neuroni, rendendola ideale sia per il miglioramento cognitivo che per le condizioni neurodegenerative.

- **Concentrazione e chiarezza mentale**: Semax aumenta le prestazioni mentali aumentando i livelli di neurotrasmettitori e migliorando la concentrazione.

- **Supporto del sonno**: Epitalon regola la produzione di melatonina, garantendo un sonno migliore, importante per la riparazione del cervello e la salute cognitiva.

Dosaggio consigliato:

- **Cerebrolysin:** 5-10 ml, 2-3 volte a settimana.

- **Semax:** 300 mcg, 2-3 volte al giorno, tramite spray nasale o iniezione.

- **Epitalon (per iniezione o per via orale):** 1-3 mg al giorno, per **iniezione sottocutanea o per via orale**, preferibilmente prima di coricarsi.

Ciclo: 4-6 settimane con una pausa di 2 settimane.

Epitalon + Selank + Dihexa

Questa combinazione/stack si concentra sul miglioramento della funzione cognitiva, sostenendo al contempo la longevità del cervello e il benessere mentale generale. **Epitalon** migliora la qualità del sonno e regola i ritmi circadiani, essenziali per il recupero cognitivo e la neuroprotezione. **Selank** riduce l'ansia e migliora la chiarezza mentale, mentre **Dihexa** aiuta le connessioni sinaptiche, promuovendo la salute del cervello a lungo termine e il miglioramento cognitivo.

Benefici:

- **Longevità cognitiva**: Epitalon regola il sonno e i ritmi circadiani, supportando la salute del cervello a lungo termine.

- **Riduzione dell'ansia e dello stress**: Selank promuove uno stato mentale calmo, migliorando la concentrazione e riducendo lo stress cognitivo.

- **Supporto alla neuroplasticità**: la diaseta migliora la formazione sinaptica, aiutando l'apprendimento, la conservazione della memoria e la flessibilità cognitiva.

Dosaggio consigliato:

- **Epitalon (iniettabile o orale):** 1-3 mg al giorno, tramite iniezione sottocutanea o per via orale, preferibilmente assunto prima di dormire.

- **Selank:** 200-300 mcg, 2-3 volte al giorno, tramite spray nasale o iniezione
- **Dihexa:** 10 mg al giorno, per via orale o per iniezione intramuscolare.

Ciclo: 8-12 settimane, seguite da una pausa di 4 settimane per valutare i miglioramenti cognitivi.

Semax + CJC-1295 + GHRP-2

Questa combinazione/stack si concentra sulla combinazione di ausili cognitivi con il supporto dell'ormone della crescita per migliorare sia la funzione cerebrale che il recupero fisico. **Semax** affina la lucidità mentale e la memoria, mentre **CJC-1295** e **GHRP-2** stimolano il rilascio dell'ormone della crescita, favorendo il recupero generale del cervello e del corpo. Questo stack è utile per le persone che cercano di migliorare le prestazioni cognitive beneficiando degli effetti rigenerativi dell'ormone della crescita.

Benefici:

- **Chiarezza mentale e concentrazione**: Semax aumenta l'acutezza mentale e aiuta a migliorare la memoria.
- **Supporto dell'ormone della crescita**: CJC-1295 e GHRP-2 aiutano nel recupero dalle lesioni cerebrali e dal declino cognitivo promuovendo la riparazione dei tessuti e la neurogenesi.
- **Recupero cognitivo e fisico generale**: i peptidi dell'ormone della crescita lavorano in sinergia con Semax per migliorare la salute del cervello e del corpo.

Dosaggio consigliato:

- **Semax:** 300 mcg, 2-3 volte al giorno, per via intranasale.
- **CJC-1295:** 1000 mcg due volte alla settimana, tramite iniezione sottocutanea.
- **GHRP-2** 100-300 mcg, 1-2 volte al giorno, tramite iniezione sottocutanea.

Ciclo: 8-12 settimane, seguite da una pausa di 4 settimane per ripristinare i recettori dell'ormone della crescita.

Diexa + Orexin A + FGL

Questo stack è una combinazione avanzata per la salute del cervello, che combina **Dihexa** per la connettività sinaptica, **Orexin A** per la veglia e **FGL** (una molecola di adesione delle cellule neurali mimetica) per migliorare l'apprendimento e la memoria. **Dihexa** supporta la neuroplasticità, migliorando la capacità di apprendimento e la chiarezza mentale. **Orexin A** favorisce la veglia, combattendo la stanchezza diurna e la nebbia cerebrale. **FGL** supporta la conservazione della memoria, rendendo questo stack particolarmente prezioso per le persone che cercano di migliorare la memoria a lungo termine e la concentrazione sostenuta per tutto il giorno.

Benefici:

- **Neuroplasticità e flessibilità cognitiva**: la diaseta aiuta le connessioni sinaptiche, migliorando la velocità di apprendimento e la flessibilità mentale.
- **Aumento della vigilanza e dell'energia**: Orexin A riduce l'affaticamento, promuove l'energia sostenuta e migliora la resistenza mentale, rendendo più facile rimanere vigili per lunghi periodi.

- **Miglioramento della memoria**: FGL aiuta nel consolidamento e nella conservazione della memoria, supportando sia la memoria a breve che a lungo termine.

Dosaggio consigliato:

- **Dihexa:** 10 mg al giorno, per via orale o intramuscolare.
- **Orexin A:** 10-20 mg al bisogno, per via intranasale, tipicamente al mattino.
- **FGL:** 100-200 mcg al giorno, tramite iniezione sottocutanea o intramuscolare.

Ciclo: 8-12 settimane, con pause periodiche per Orexin A per prevenire la tolleranza ai recettori e mantenere i benefici cognitivi.

Semax + PE-22-28 + Orexin A

Questa combinazione/stack combina **Semax**, **PE-22-28** e **Orexin A** per il supporto cognitivo, il miglioramento della memoria e la vigilanza. **Semax** migliora la concentrazione e le prestazioni cognitive, mentre **PE-22-28** (un analogo del fattore neurotrofico derivato dal cervello) promuove la sopravvivenza e la neuroplasticità delle cellule cerebrali. **Orexin A** migliora la veglia e l'energia mentale, rendendo questo stack ideale per le persone che cercano di aumentare la vigilanza e la chiarezza cognitiva durante il giorno.

Benefici:

- **Prestazioni cognitive migliorate**: Semax affina la concentrazione, migliora la chiarezza mentale e migliora la conservazione della memoria, rendendo più facile affrontare compiti complessi.
- **Neuroplasticità e salute delle cellule cerebrali**: PE-22-28 supporta la crescita e la sopravvivenza delle cellule cerebrali, aiutando nella formazione della memoria e nella resilienza cognitiva.
- **Aumento della vigilanza e della veglia**: Orexin A promuove naturalmente la veglia e i livelli di energia sostenuti, riducendo l'affaticamento cognitivo e migliorando la resistenza mentale.

Metodo di somministrazione e dosaggio:

- **Semax**: 300 mcg, 2-3 volte al giorno, tramite spray nasale o iniezione.
- **PE-22-28**: 100-200 mcg, 1-2 volte al giorno, iniezione sottocutanea.
- **Orexin A**: 10-20 mg, per via intranasale, tipicamente somministrata al mattino o durante i periodi di affaticamento cognitivo.

Ciclo: 8-10 settimane con una pausa di 4 settimane, in particolare per Orexin A per evitare la tolleranza ai recettori e mantenerne l'efficacia.

6.4 Pile/Combo di peptidi per longevità e anti-invecchiamento

Epitalon + Thymalin + GHK-Cu

Questa combinazione/stack si concentra sulla promozione della longevità e della vitalità generale attraverso **Epitalon**, **Thymalin** e **GHK-Cu**. **Epitalon** è noto per la sua capacità di attivare la telomerasi, che aiuta ad allungare i telomeri e ritardare l'invecchiamento cellulare. **Thymalin** migliora la funzione immunitaria e aiuta a invertire parte del declino immunitario legato all'età. **GHK-Cu** è un peptide di rame che supporta la rigenerazione cellulare, la guarigione delle ferite e la salute della pelle, rendendo questo stack una potente combinazione per le persone che cercano di aumentare la durata della vita.

Benefici:

- **Estensione dei telomeri**: Epitalon stimola la telomerasi, aiutando ad allungare i telomeri, che sono fondamentali per proteggere le cellule dall'invecchiamento.

- **Supporto immunitario**: Thymalin aumenta la funzione immunitaria, che in genere diminuisce con l'età, aiutando a proteggere dalle malattie e dalle infezioni legate all'età.

- **Rigenerazione cellulare e salute della pelle**: GHK-Cu migliora l'elasticità della pelle, riduce le rughe e favorisce la riparazione dei tessuti, migliorando i segni dell'invecchiamento sia interni che esterni.

Dosaggio consigliato:

- **Epitalon**: 1-3 mg al giorno, iniettato per via sottocutanea o intramuscolare, per 10-20 giorni. Questo ciclo può essere ripetuto ogni 6 mesi.

- **Timalia:** 10-20 mg al giorno per 5-10 giorni, iniettato per via sottocutanea.

- **GHK-Cu:** 2-5 mg al giorno, iniettato per via sottocutanea o applicato **localmente** come crema a una concentrazione dello **0,5-1%.**

Ciclo: 10-20 giorni per Epitalon e Thymalin, con un uso continuo più lungo di GHK-Cu (fino a 4-6 settimane). I cicli di Epitalon e Thymalin possono essere ripetuti ogni 6-12 mesi o una volta all'anno.

Epitalon + BPC-157 + TB-500

Questa combinazione/stack utilizza **Epitalon** per il mantenimento e la longevità dei telomeri, **BPC-157** per la riparazione dei tessuti e gli effetti antinfiammatori e **TB-500** per supportare la salute del tessuto neurale e connettivo. **Epitalon** è noto per il suo ruolo nell'attivazione della telomerasi, che può aiutare a ritardare l'invecchiamento cellulare nel cervello. **BPC-157** promuove la resilienza e la riparazione del cervello riducendo l'infiammazione e **TB-500** supporta il recupero neurale, in particolare per gli individui inclini all'affaticamento cognitivo o alla nebbia cerebrale correlata all'infiammazione. Insieme, questi peptidi formano una potente combinazione/stack anti-invecchiamento che aiuta a proteggere la salute del cervello a lungo termine.

Benefici:

- **Mantenimento dei telomeri per la longevità**: Epitalon attiva la telomerasi, sostenendo la salute cellulare e ritardando l'invecchiamento a livello del DNA, promuovendo la longevità cognitiva.

- **Riparazione neurale e resilienza**: BPC-157 riduce l'infiammazione e migliora il recupero neurale, proteggendo la funzione cerebrale nel tempo.

- **Supporto per i tessuti connettivi e antinfiammatorio**: TB-500 lavora in sinergia con BPC-157 per promuovere la riparazione dei tessuti e mitigare l'infiammazione, utile per ridurre l'affaticamento cognitivo.

Dosaggio consigliato:

- **Epitalon**: 1-3 mg al giorno per 10-20 giorni, iniettato per via sottocutanea, preferibilmente somministrato la sera. Questo ciclo può essere ripetuto ogni 6 mesi.

- **BPC-157**: 200-500 mcg al giorno, iniettato per via sottocutanea.
- **TB-500**: 2-5 mg alla settimana, iniettato per via sottocutanea.
- **Ciclo**: 8-12 settimane con una pausa di 4 settimane per BPC-157 e **TB-500**.

Epitalon + Humanin + GHK-Cu

Questa combinazione/stack di longevità include **Epitalon** per la salute dei telomeri, **Humanin** per combattere lo stress ossidativo e proteggere le cellule cerebrali e **GHK-Cu** per supportare la rigenerazione cellulare e la produzione di collagene. **Epitalon** aiuta a rallentare l'invecchiamento cellulare, mentre l'**Humanin** agisce come peptide neuroprotettivo, riducendo lo stress cellulare e sostenendo la salute mitocondriale. **GHK-Cu** promuove ulteriormente la riparazione cellulare e riduce l'infiammazione, rendendo questo stack benefico per le persone che cercano di mantenere la resilienza cognitiva e la salute del cervello con l'avanzare dell'età.

Benefici:

- **Longevità cellulare e supporto dei telomeri**: Epitalon aiuta a mantenere la lunghezza dei telomeri, ritardare l'invecchiamento cellulare e sostenere la salute cognitiva.
- **Protezione mitocondriale e riduzione dello stress**: l'humanin migliora la funzione mitocondriale, riducendo lo stress ossidativo e sostenendo la sopravvivenza delle cellule cerebrali, fondamentale per la longevità.
- **Rigenerazione cellulare e riduzione dell'infiammazione**: GHK-Cu promuove la produzione di collagene e la riparazione dei tessuti, riducendo l'infiammazione che può compromettere la salute del cervello.

Dosaggio consigliato:

- **Epitalon:** 1-3 mg al giorno per 10-20 giorni, iniettato per via sottocutanea, assunto la sera per allinearsi con i ritmi circadiani naturali. Questo ciclo può essere ripetuto una volta all'anno.
- **Humanin:** 5 mg al giorno, iniettato per via sottocutanea, per supportare la funzione mitocondriale.
- **GHK-Cu:** 2-5 mg al giorno, iniettato per via sottocutanea o come siero topico allo **0,5-1%**.

Ciclo: 8-12 settimane, seguite da una pausa di 4-6 settimane, in particolare per Epitalon e Humanin.

MOTS-C + Humanin + SS-31 (Elamipretide)

Questa combinazione/stack si concentra sulla salute mitocondriale e sull'energia cellulare, che aiuta a rallentare il processo di invecchiamento. **MOTS-C** e **Humanin** sono peptidi mitocondriali che aumentano la produzione di energia e proteggono le cellule dallo stress ossidativo. **SS-31 (Elamipretide)** è un peptide mirato ai mitocondri che aiuta a migliorare la funzione mitocondriale, riduce l'infiammazione e protegge le cellule dai danni legati all'età, rendendo questo stack utile per migliorare la longevità a livello cellulare.

Benefici:

- **Salute ed energia mitocondriale**: MOTS-C e Humanin migliorano la funzione mitocondriale, supportando livelli di energia più elevati e riducendo il rischio di affaticamento e malattie legate all'età.

- **Protezione dai danni cellulari**: SS-31 protegge i mitocondri dallo stress ossidativo e riduce l'infiammazione, che sono i principali responsabili dell'invecchiamento.
- **Miglioramento della durata della vita e della salute**: insieme, questi peptidi supportano una vita più lunga e più sana affrontando la disfunzione mitocondriale, uno dei tratti distintivi dell'invecchiamento.

Dosaggio consigliato:

- **MOTS-C**: 10-15 mg settimanali, suddivisi in 2-3 dosi, iniettati per via sottocutanea.
- **Humanin**: 5 mg al giorno, iniettato per via sottocutanea.
- **SS-31**: 5-10 mg al giorno, iniettato per via sottocutanea.

Ciclo: 8-12 settimane di uso continuo, seguite da una pausa di 4 settimane.

Epitalon + CJC-1295 + GHRP-2

Questa combinazione/stack mira sia all'anti-invecchiamento che all'ottimizzazione ormonale combinando **Epitalon**, **CJC-1295** e **GHRP-2**. **Epitalon** prolunga la durata della vita attivando la telomerasi e allungando i telomeri, mentre **CJC-1295** e **GHRP-2** stimolano la produzione naturale dell'ormone della crescita, promuovendo la riparazione dei tessuti, la perdita di grasso e la conservazione muscolare, tutti importanti per un invecchiamento sano.

Benefici:

- **Stimolazione dell'ormone della crescita**: CJC-1295 e GHRP-2 aumentano i livelli dell'ormone della crescita, che diminuiscono con l'età, contribuendo a migliorare la massa muscolare, ridurre il grasso e sostenere la riparazione dei tessuti.
- **Protezione dei telomeri**: Epitalon aiuta a proteggere i telomeri, ritardando l'invecchiamento cellulare e promuovendo la longevità.
- **Composizione corporea migliorata**: questo stack aiuta a mantenere un sano equilibrio di massa muscolare magra e grasso, anche se l'invecchiamento rallenta il metabolismo.

Dosaggio consigliato:

- **Epitalon**: 1-3 mg al giorno per 10-20 giorni, iniettato per via sottocutanea.
- **CJC-1295**: 1000 mcg due volte alla settimana, per via sottocutanea.
- **GHRP-2**: 100-200 mcg, 1-2 volte al giorno, iniettato per via sottocutanea.

Ciclo: 10-12 settimane con una pausa di 4-6 settimane. Epitalon viene utilizzato ogni 6 mesi, mentre CJC-1295 e GHRP-2 possono essere utilizzati per periodi più lunghi, con pause periodiche.

GHK-Cu + BPC-157 + TB-500

Questa combinazione/stack si concentra sulla riparazione dei tessuti, sulla guarigione delle ferite e sulla salute cellulare generale. **GHK-Cu** promuove la produzione di collagene e la rigenerazione della pelle, **BPC-157** accelera la riparazione dei tessuti e riduce l'infiammazione e **TB-500** supporta il recupero da lesioni e promuove la guarigione di muscoli e tendini. Insieme, creano un'utile combinazione/stack anti-invecchiamento e recupero, aiutando il corpo a mantenere il tessuto giovane e riparare i danni legati all'età.

Benefici:

- **Riparazione della pelle e dei tessuti**: il GHK-Cu migliora l'elasticità della pelle e riduce le rughe, mentre BPC-157 e TB-500 aiutano a guarire le lesioni e a ridurre l'infiammazione.

- **Guarigione accelerata**: BPC-157 e TB-500 lavorano in sinergia per accelerare il recupero da lesioni e interventi chirurgici, supportando la salute dei tessuti a lungo termine.

- **Anti-invecchiamento e longevità**: GHK-Cu e BPC-157 hanno proprietà rigenerative che promuovono la salute generale dei tessuti, migliorando i segni dell'invecchiamento sia interni che esterni.

Dosaggio consigliato:

- **GHK-Cu**: 2-5 mg al giorno, iniettato per via sottocutanea o applicato **localmente** come **crema** allo 0,5-1%.

- **BPC-157**: 200-500 mcg al giorno, per via sottocutanea.

- **TB-500**: 2-5 mg alla settimana, per via sottocutanea.

Ciclo: 8-12 settimane per tutti e tre i peptidi, con pause periodiche.

Thymalin + Epitalon + GHRP-6

Questa combinazione/stack di longevità combina i benefici immunostimolanti e anti-invecchiamento del **Thymalin** e del Epitalon con gli effetti stimolanti dell'ormone della crescita del **GHRP-6**. **Thymalin** aumenta la funzione immunitaria e riduce l'infiammazione, mentre **Epitalon** favorisce un invecchiamento sano proteggendo i telomeri. **GHRP-6** aumenta i livelli naturali dell'ormone della crescita, supportando la perdita di grasso, la ritenzione muscolare e la vitalità generale con l'avanzare dell'età.

Benefici:

- **Mantenimento e longevità dei telomeri**: Epitalon aiuta a preservare i telomeri, promuovendo la longevità cellulare e proteggendo dal declino legato all'età.

- **Potenziamento del sistema immunitario**: Thymalin rafforza il sistema immunitario, aiutando il corpo a combattere le infezioni e le malattie legate all'età.

- **Rilascio dell'ormone della crescita**: GHRP-6 stimola la produzione di GH, migliorando la composizione corporea e sostenendo un invecchiamento sano.

Dosaggio consigliato:

- **Timalia**: 10-20 mg al giorno per 5-10 giorni, iniettato per via sottocutanea.

- **Epitalon:** 1-3 mg al giorno per 10-20 giorni, iniettato per via sottocutanea.

- **GHRP-6:** 100-300 mcg al giorno, iniettato per via sottocutanea.

Ciclo: 10-20 giorni per Epitalon e Thymalin, ripetuto ogni 6 mesi. GHRP-6 può essere utilizzato per cicli più lunghi (8-12 settimane), seguiti da una pausa.

6.5 Pile/Combo di peptidi per la salute sessuale

PT-141 + Kisspeptin + Melanotan II

Questa combinazione/stack combina **PT-141**, **Kisspeptin** e **Melanotan II** per aumentare l'eccitazione sessuale e migliorare la funzione sessuale sia negli uomini che nelle donne. **PT-141** è un noto peptide che aumenta la libido che agisce sui recettori della melanocortina nel cervello, migliorando il desiderio e la funzione sessuale. **Kisspeptin** supporta la fertilità stimolando l'ormone di rilascio delle gonadotropine (GnRH), che a sua volta innesca la produzione di ormone luteinizzante (LH) e ormone follicolo-stimolante (FSH), migliorando la salute riproduttiva. **Melanotan II** offre un ulteriore aumento della libido e aiuta a regolare la risposta sessuale.

Benefici:

- **Aumento della libido**: PT-141 e Melanotan II stimolano entrambi il desiderio sessuale e l'eccitazione, migliorando l'esperienza sessuale complessiva.

- **Funzione sessuale**: PT-141 migliora la funzione erettile negli uomini e l'eccitazione nelle donne, rendendolo efficace per il trattamento della disfunzione sessuale.

- **Supporto alla fertilità**: Kisspeptin aiuta nella regolazione degli ormoni riproduttivi, migliorando la fertilità sia negli uomini che nelle donne.

Dosaggio consigliato:

- **PT-141**: 1-2 mg per iniezione, assunto 30-60 minuti prima dell'attività sessuale, iniettato per via sottocutanea.

- **Kisspeptin**: 100-200 mcg al giorno, iniettato per via sottocutanea, per sostenere la fertilità.

- **Melanotan II**: 0,25-1 mg per iniezione, assunto 1-2 volte a settimana, iniettato per via sottocutanea.

Ciclo: Utilizzato su richiesta per PT-141 e Melanotan II. Kisspeptin viene tipicamente utilizzata in **cicli di 4-6 settimane** per la fertilità.

PT-141 + CJC-1295 + Ipamorelin

Questa combinazione/stack è progettata per le persone che desiderano migliorare la propria salute sessuale e l'equilibrio ormonale generale. **PT-141** si concentra sul miglioramento della libido e della funzione sessuale, mentre **CJC-1295** e **Ipamorelin** lavorano insieme per aumentare i livelli di ormone della crescita, che possono migliorare l'energia, la vitalità e le prestazioni sessuali. Questa combinazione è vantaggiosa per uomini e donne che cercano di migliorare il proprio benessere sessuale insieme alla salute e alla vitalità generale.

Benefici:

- **Aumento del desiderio e delle prestazioni sessuali**: PT-141 migliora la libido e migliora la funzione sessuale sia negli uomini che nelle donne.

- **Miglioramento della vitalità e dell'equilibrio ormonale**: CJC-1295 e Ipamorelin aumentano i livelli dell'ormone della crescita, supportando una migliore energia, umore e prestazioni sessuali.

- **Migliore recupero**: l'aumento dei livelli di ormone della crescita migliora il recupero e la salute fisica e mentale generale, che può anche supportare la salute sessuale.

Dosaggio consigliato:

- **PT-141:** 1-2 mg per iniezione, assunto 30-60 minuti prima dell'attività sessuale, iniettato per via sottocutanea.
- **CJC-1295:** 1000 mcg due volte alla settimana, iniettato per via sottocutanea.
- **Ipamorelin:** 200-300 mcg, 1-2 volte al giorno, iniettato per via sottocutanea.

Ciclo: 8-12 settimane per CJC-1295 e Ipamorelin, con pause. Il PT-141 viene utilizzato su richiesta.

Gonadorelin + PT-141 + MK-677

Questa combinazione/stack combina **Gonadorelin**, **PT-141** e **MK-677** per ottimizzare la salute sessuale e l'equilibrio ormonale negli **uomini**. La **Gonadorelin** stimola la produzione di LH e FSH, portando ad un aumento dei livelli naturali di testosterone, migliorando la libido e le prestazioni sessuali. **PT-141** aumenta il desiderio sessuale e **MK-677** aumenta i livelli di ormone della crescita, che supportano la massa muscolare, l'energia e la salute sessuale generale.

Benefici:

- **Aumento del testosterone:** la Gonadorelin aumenta la produzione naturale di testosterone, migliorando le prestazioni sessuali e l'energia negli uomini.
- **Miglioramento della libido e dell'eccitazione:** PT-141 stimola direttamente i recettori della melanocortina del cervello, aumentando il desiderio e la funzione sessuale.
- **Miglioramento del recupero e della composizione corporea:** MK-677 aumenta i livelli dell'ormone della crescita, favorendo un migliore recupero, perdita di grasso e vitalità generale.

Dosaggio consigliato:

- **Gonadorelin:** 100-200 mcg al giorno, iniettata per via sottocutanea o intramuscolare.
- **PT-141:** 1-2 mg per iniezione, assunto 30-60 minuti prima dell'attività sessuale, iniettato per via sottocutanea.
- **MK-677:** 10-25 mg al giorno, assunto per via orale.

Ciclo: 8-12 settimane, con una pausa di 4-6 settimane per Gonadorelin e MK-677. Il PT-141 viene utilizzato secondo necessità.

Kisspeptin + CJC-1295 + Ipamorelin

Questa combinazione/stack si concentra sull'ottimizzazione della salute riproduttiva e della funzione sessuale mediante l'utilizzo **Kisspeptin** per stimolare gli ormoni riproduttivi, mentre **CJC-1295** E **Ipamorelin** aumentare i livelli dell'ormone della crescita, sostenendo la vitalità generale. Questa combinazione è particolarmente efficace per **donne** cercando di migliorare la libido, la fertilità e l'equilibrio ormonale, soprattutto durante la menopausa o periodi di squilibrio ormonale.

Benefici:

- **Fertilità:** Kisspeptin supporta l'ovulazione e l'equilibrio ormonale, migliorando la fertilità nelle donne.

- **Miglioramento della salute sessuale e della libido**: Kisspeptin aumenta il desiderio sessuale, mentre CJC-1295 e Ipamorelin aumentano l'energia e l'umore, sostenendo indirettamente la salute sessuale.

- **Migliore equilibrio ormonale**: questo stack regola gli ormoni riproduttivi e supporta il benessere generale, in particolare nelle donne in menopausa o che soffrono di squilibri ormonali.

Dosaggio consigliato:

- **Kisspeptin**: 100-200 mcg al giorno, iniettato per via sottocutanea.

- **CJC-1295**: 1000 mcg due volte alla settimana, iniettato per via sottocutanea.

- **Ipamorelin**: 200-300 mcg, 1-2 volte al giorno, iniettato per via sottocutanea.

Ciclo: 8-12 settimane con pause periodiche per la regolazione ormonale.

PT-141 + Melanotan II + CJC-1295

Questa combinazione/stack è ideale per le persone che desiderano migliorare sia la salute sessuale che la composizione corporea. **PT-141** aumenta la libido e le prestazioni sessuali, **Melanotan II** fornisce un ulteriore supporto alla libido e migliora la pigmentazione della pelle, mentre **CJC-1295** aumenta i livelli di ormone della crescita, promuovendo un migliore recupero e vitalità generale.

Benefici:

- **Desiderio e prestazioni sessuali**: PT-141 e Melanotan II agiscono entrambi sui recettori della melanocortina, aumentando significativamente la libido e la soddisfazione sessuale.

- **Composizione corporea migliorata**: CJC-1295 stimola il rilascio dell'ormone della crescita, che aiuta nella perdita di grasso e nella conservazione muscolare.

- **Pigmentazione della pelle**: Melanotan II aiuta gli utenti a ottenere un'abbronzatura migliorando la salute sessuale.

Dosaggio consigliato:

- **PT-141**: 1-2 mg per iniezione, assunto 30-60 minuti prima dell'attività sessuale, iniettato per via sottocutanea.

- **Melanotan II**: 0,25-1 mg per iniezione, 1-2 volte a settimana, iniettato per via sottocutanea.

- **CJC-1295**: 1000 mcg due volte alla settimana, iniettato per via sottocutanea.

Ciclo: 12 settimane con pause periodiche per CJC-1295 e Melanotan II. Il PT-141 può essere utilizzato secondo necessità.

6.6 Pile/combo di peptidi per l'immunità

Thymosin Alpha-1 + LL-37 + VIP

Questa combinazione/stack è potente per rafforzare il sistema immunitario e combattere le infezioni. **Thymosin Alpha-1** stimola la produzione di cellule T, migliorando la risposta immunitaria. **LL-37** è un peptide antimicrobico che uccide batteri e virus, mentre **VIP** (Vasoactive Intestinal Peptide) riduce l'infiammazione e migliora la salute dei polmoni, rendendo questa combinazione particolarmente utile durante le stagioni influenzali o per gli individui con problemi immunitari cronici.

Benefici:

- **Potenziamento immunitario**: Thymosin Alpha-1 rafforza il sistema immunitario aumentando l'attività delle cellule T.

- **Azione antimicrobica**: LL-37 combatte direttamente batteri, virus e funghi, rendendolo utile sia per la prevenzione che per il trattamento delle infezioni.

- **Salute polmonare e respiratoria**: VIP riduce l'infiammazione nei polmoni e supporta una sana funzione respiratoria.

Dosaggio consigliato:

- **Thymosin Alpha-1**: 1,6-3,2 mg alla settimana, iniettato per via sottocutanea.

- **LL-37**: 100-300 mcg al giorno, iniettato per via sottocutanea.

- **VIP**: 50 mcg spruzzati all'interno di ciascuna narice fino a 4 volte al giorno.

Ciclo: 4-6 settimane durante i periodi di immunosoppressione o aumento del rischio di infezione.

Thymosin Alpha-1 + BPC-157 + SS-31

Questa combo/stack è progettata per migliorare l'immunità e promuovere la guarigione. **Thymosin Alpha-1** aumenta la funzione immunitaria, **BPC-157** promuove la riparazione dei tessuti e riduce l'infiammazione e **SS-31** supporta la salute mitocondriale, riducendo lo stress ossidativo e proteggendo il sistema immunitario dai danni.

Benefici:

- **Supporto della funzione immunitaria**: Thymosin Alpha-1 migliora la risposta immunitaria, aiutando a combattere le infezioni e aumentando l'immunità generale.

- **Guarigione e riparazione dei tessuti**: BPC-157 aiuta a guarire i tessuti, particolarmente utile per coloro che si stanno riprendendo da un intervento chirurgico o da un infortunio.

- **Protezione mitocondriale**: SS-31 riduce il danno ossidativo, sostenendo sia la salute immunitaria che la vitalità generale.

Dosaggio consigliato:

- **Thymosin Alpha-1**: 1,6-3,2 mg alla settimana, iniettato per via sottocutanea.

- **BPC-157**: 200-500 mcg al giorno, iniettato per via sottocutanea.

- **SS-31**: 5-10 mg al giorno, iniettato per via sottocutanea.

Ciclo: 8-12 settimane con pause periodiche per monitorare la funzione immunitaria.

VIP + LL-37 + SS-31

Questa combinazione/stack immunitario combina **VIP (Vasoactive Intestinal Peptide), LL-37** e **SS-31 (Elamipretide)** per supportare la resilienza immunitaria, ridurre l'infiammazione e proteggere la salute mitocondriale. **VIP** agisce come un potente agente antinfiammatorio, migliorando la salute dei polmoni e delle vie respiratorie, mentre **LL-37** fornisce un'azione antimicrobica contro gli agenti patogeni. **SS-31 (Elampretide)** supporta la funzione mitocondriale, che è fondamentale per l'energia e la resilienza delle cellule immunitarie, in particolare di fronte a infezioni croniche o condizioni infiammatorie.

Benefici:

- **Supporto antinfiammatorio e respiratorio**: VIP riduce l'infiammazione dei tessuti respiratori, rendendolo utile per le persone con problemi respiratori cronici o per quelle esposte ad agenti patogeni.

- **Difesa antimicrobica**: LL-37 offre effetti antimicrobici ad ampio spettro, proteggendo da infezioni batteriche, virali e fungine.

- **Protezione mitocondriale e resilienza immunitaria**: SS-31 supporta la salute mitocondriale, assicurando che le cellule immunitarie abbiano l'energia necessaria per rispondere efficacemente alle infezioni e alle infiammazioni.

Metodo di somministrazione e dosaggio:

- **VIP**: 100-500 mcg al giorno, iniettato per via sottocutanea o intranasale (50 mcg spruzzati all'interno di ciascuna narice fino a 4 volte al giorno)

- **LL-37**: 100-300 mcg al giorno, iniettato per via sottocutanea.

- **SS-31**: 5-10 mg al giorno, iniettato per via sottocutanea.

Ciclo: 8-12 settimane, con una durata di 4 settimane o più.

Thymosin Alpha-1 + KPV + ARA-290

Questa combinazione/stack immunitario utilizza **Thymosin Alpha-1**, **KPV** e **ARA-290** per rafforzare il sistema immunitario, ridurre l'infiammazione e alleviare il dolore associato all'infiammazione cronica. **Thymosin Alpha-1** aiuta l'attività delle cellule T e la risposta immunitaria, **KPV** riduce le risposte infiammatorie, in particolare nell'intestino, e **ARA-290** fornisce sollievo dal dolore e supporta la salute dei nervi riducendo l'infiammazione nei tessuti periferici. Questa combinazione è utile per coloro che cercano di sostenere la salute immunitaria e mitigare i sintomi di condizioni autoimmuni o infiammatorie.

Benefici:

- **Funzione immunitaria**: Thymosin Alpha-1 aumenta le difese immunitarie dell'organismo aumentando la produzione di cellule T e la risposta alle infezioni.

- **Riduzione dell'infiammazione e del dolore**: il KPV ha forti effetti antinfiammatori, particolarmente benefici per la salute dell'intestino, mentre l'ARA-290 fornisce sollievo dal dolore infiammatorio e favorisce la guarigione dei tessuti.

- **Miglioramento del recupero da condizioni autoimmuni e croniche**: questa combinazione supporta l'equilibrio immunitario, rendendola efficace per la gestione dei sintomi delle malattie autoimmuni e dell'infiammazione cronica.

Dosaggio consigliato:

- **Thymosin Alpha-1**: 1,6-3,2 mg alla settimana, iniettato per via sottocutanea.

- **KPV**: 200-400 mcg al giorno, iniettato per via sottocutanea.
- **ARA-290**: 4 mg, 2-3 volte alla settimana, iniettato per via sottocutanea.

Ciclo: 8-12 settimane, con pause periodiche per valutare la risposta immunitaria, in particolare per Thymosin Alpha-1.

Thymosin Alpha-1 + LL-37 + BPC-157

Questa combinazione/stack immunitaria e di recupero combina **Thymosin Alpha-1**, **LL-37** e **BPC-157** per rafforzare il sistema immunitario, combattere le infezioni e promuovere la guarigione dei tessuti danneggiati. **Thymosin Alpha-1** supporta la regolazione immunitaria, **LL-37** fornisce protezione antimicrobica contro gli agenti patogeni e **BPC-157** aiuta la riparazione dei tessuti e riduce l'infiammazione. Questo stack è utile per le persone che si stanno riprendendo da malattie, infortuni o interventi chirurgici che necessitano di un forte supporto immunitario e tissutale.

Benefici:

- **Risposta immunitaria**: Thymosin Alpha-1 rafforza le difese immunitarie, aumentando la resistenza alle infezioni.
- **Antimicrobico e controllo delle infezioni**: LL-37 combatte una serie di agenti patogeni, tra cui batteri e virus, riducendo la probabilità di infezioni.
- **Guarigione accelerata e riduzione dell'infiammazione**: BPC-157 supporta la riparazione dei tessuti e riduce l'infiammazione, favorendo il recupero da lesioni o procedure chirurgiche.

Dosaggio consigliato:

- **Thymosin Alpha-1**: 1,6-3,2 mg alla settimana, iniettato per via sottocutanea.
- **LL-37**: 100-300 mcg al giorno, iniettato per via sottocutanea.
- **BPC-157**: 200-500 mcg al giorno, iniettato per via sottocutanea.

Ciclo: 8-12 settimane, con una pausa di 4 settimane per valutare la funzione e la risposta immunitaria.

6.7 Pile/combo di peptidi per pelle, capelli ed estetica

GHK-Cu + BPC-157 + Epitalon

Questa combinazione/stack è progettata per migliorare la salute della pelle, ridurre le rughe e promuovere la produzione di collagene. **GHK-Cu** è noto per le sue potenti proprietà antietà e riparatrici della pelle, **BPC-157** accelera la riparazione dei tessuti e la guarigione delle ferite e **Epitalon** supporta la rigenerazione generale della pelle migliorando la regolazione della melatonina e aumentando l'attività della telomerasi, che aiuta a ridurre l'invecchiamento cellulare.

Benefici:

- **Aumento della produzione di collagene**: GHK-Cu stimola la sintesi del collagene, aiutando a ridurre le rughe e migliorare l'elasticità della pelle.
- **Riparazione e guarigione dei tessuti**: BPC-157 promuove la rigenerazione della pelle e riduce l'infiammazione, migliorando la salute generale della pelle.

- **Anti-invecchiamento e longevità**: Epitalon supporta la riparazione cellulare e aiuta a regolare i modelli di sonno, migliorando indirettamente la salute della pelle.

Dosaggio consigliato:

- **GHK-Cu**: 2-5 mg al giorno come siero topico (concentrazione 0,5-1%).
- **BPC-157**: 200-500 mcg al giorno, iniettato per via sottocutanea.
- **Epitalon**: 1-3 mg al giorno per **10-20 giorni**, iniettato per via sottocutanea una volta all'anno. Questo ciclo può essere ripetuto ogni **6-12 mesi** per un sonno a lungo termine.

Ciclo: 8-12 settimane per **GHK-Cu e BPC-157**, con una pausa di 4 settimane tra i cicli.

GHK-Cu + PTD-DBM + Argireline

Questa combinazione/stack cosmetica combina **GHK-Cu**, **PTD-DBM** e **Argireline** a beneficio dell'estetica della pelle e dei capelli. Il **GHK-Cu** è rinomato per le sue proprietà ringiovanenti della pelle, che promuovono la sintesi del collagene, migliorano l'elasticità della pelle e favoriscono la guarigione delle ferite. **PTD-DBM** mira alla salute dei capelli, supportando la rigenerazione dei follicoli e incoraggiando la crescita dei capelli, rendendolo efficace per affrontare il diradamento dei capelli.

Argireline funge da soluzione antirughe non invasiva, rilassando i muscoli facciali e levigando le linee sottili senza bisogno di iniezioni. Insieme, questo stack migliora la qualità della pelle, supporta la crescita dei capelli e offre benefici antietà, rendendolo una soluzione versatile per il miglioramento cosmetico generale.

Benefici:

- **Miglioramento della consistenza e dell'elasticità della pelle**: GHK-Cu stimola la produzione di collagene, che leviga le linee sottili e rassoda la pelle, migliorando la consistenza generale.
- **Riduzione delle rughe**: Argireline rilassa i muscoli facciali, riducendo la profondità delle rughe e creando un aspetto più liscio, soprattutto intorno alle aree soggette a espressione.
- **Promuove la crescita dei capelli e la salute del cuoio capelluto**: PTD-DBM supporta l'attività del follicolo pilifero, incoraggiando la crescita dei capelli nelle aree diradate e migliorando le condizioni del cuoio capelluto.

Dosaggio consigliato:

- **GHK-Cu**: 2-5 mg al giorno per via topica a una concentrazione dello 0,5-1% in un siero per applicazione cutanea.
- **PTD-DBM**: Applicato localmente sul cuoio capelluto a una concentrazione dello 0,1-0,5% per supportare la crescita dei capelli.
- **Argireline:** applicato localmente quotidianamente su aree mirate in concentrazioni del 5-10% come crema o siero.

Ciclo: GHK-Cu e Argireline possono essere utilizzati continuamente come parte di una routine quotidiana di cura della pelle. Per la **PTD-DBM**, un ciclo di 8-12 settimane è l'ideale, seguito da una pausa di 4 settimane prima di riprendere per valutare la crescita dei capelli e la salute dei follicoli.

GHK-Cu + CJC-1295 + Ipamorelin

Questa combinazione/stack combina **GHK-Cu** per le sue proprietà anti-invecchiamento e rigenerazione della pelle, con **CJC-1295** e **Ipamorelin** per promuovere il rilascio dell'ormone della crescita, migliorando l'elasticità della pelle, il tono muscolare e la riduzione del grasso. Insieme, questi peptidi promuovono il ringiovanimento sia interno che esterno.

Benefici:

- **Miglioramento dell'elasticità e della consistenza della pelle**: GHK-Cu aumenta la produzione di collagene, rendendo la pelle più soda e riducendo le rughe.
- **Supporto dell'ormone della crescita**: CJC-1295 e Ipamorelin aumentano i livelli dell'ormone della crescita, aiutando con la perdita di grasso, la ritenzione muscolare e la vitalità generale.
- **Aspetto giovanile**: questa combinazione migliora la salute generale della pelle e supporta un aspetto più giovane.

Metodo di somministrazione e dosaggio:

- **GHK-Cu**: 2-5 mg al giorno come siero topico (concentrazione 0,5-1%).
- **CJC-1295**: 1000 mcg due volte alla settimana, iniettato per via sottocutanea.
- **Ipamorelin**: 200-300 mcg, 1-2 volte al giorno, iniettato per via sottocutanea.

Ciclo: 8-12 settimane per CJC-1295 e Ipamorelin. GHK-Cu può essere utilizzato in modo continuativo per periodi più lunghi.

BPC-157 + GHRP-2 + GHK-Cu

Questa combinazione/stack è ideale per la riparazione della pelle, la guarigione dei tessuti e gli effetti antietà complessivi. **BPC-157** promuove una rapida guarigione della pelle, dei muscoli e del tessuto connettivo, **GHRP-2** stimola il rilascio dell'ormone della crescita per sostenere l'elasticità della pelle e il tono muscolare e **GHK-Cu** fornisce potenti effetti antietà promuovendo la produzione di collagene e la rigenerazione della pelle.

Benefici:

- **Riparazione dei tessuti e della pelle**: BPC-157 accelera la guarigione e riduce l'infiammazione, rendendolo ideale per le persone che si stanno riprendendo da lesioni o interventi chirurgici.
- **Rilascio dell'ormone della crescita**: GHRP-2 aumenta l'ormone della crescita, migliorando il tono muscolare e l'elasticità della pelle.
- **Anti-invecchiamento**: GHK-Cu migliora la struttura e l'aspetto della pelle stimolando la produzione di collagene.

Metodo di somministrazione e dosaggio:

- **BPC-157**: 200-500 mcg al giorno, iniettato per via sottocutanea.
- **GHRP-2**: 100-300 mcg al giorno, iniettato per via sottocutanea.
- **GHK-Cu**: 2-5 mg al giorno come siero topico (concentrazione 0,5-1%).

Ciclo: 8-12 settimane con pause per GHRP-2 e GHK-Cu.

6.8 Considerazioni chiave per le combinazioni/impilamento dei peptidi

- Scegli peptidi che si completino a vicenda in termini di funzionamento. Ad esempio, l'impilamento/combinazione di peptidi che promuovono il rilascio dell'ormone della crescita con peptidi che migliorano la riparazione dei tessuti può portare a un migliore recupero e crescita muscolare.
- Le pile di peptidi devono essere cicliche per evitare che il corpo sviluppi una tolleranza o diminuisca i rendimenti. Un ciclo tipico potrebbe durare 4-8 settimane, seguite da una pausa di alcune settimane prima di ricominciare. Ciò garantisce che i peptidi rimangano efficaci e riduce il rischio di effetti collaterali dovuti all'uso prolungato.
- Quando si impilano i peptidi, è importante regolare i dosaggi per assicurarsi di non sovraccaricare il sistema. I dosaggi raccomandati per ogni peptide in una pila possono essere inferiori rispetto a quelli che si otterrebbero assumendo singolarmente, poiché l'effetto combinato della pila è più potente.
- Tieni traccia di come il tuo corpo risponde alla pila peptidica, soprattutto se sei nuovo alla terapia peptidica.

CAPITOLO 7. PEPTIDI E STILE DI VITA

I peptidi funzionano meglio se integrati in uno stile di vita sano. Per massimizzare i benefici della terapia peptidica, è importante supportare il tuo corpo con la giusta nutrizione, esercizio fisico, strategie di recupero e gestire correttamente le tue aspettative.

7.1 Nutrizione, esercizio fisico e recupero

7.1.1 Nutrizione

Assunzione di proteine

Molti peptidi, in particolare quelli utilizzati per la crescita e il recupero muscolare (come CJC-1295, Ipamorelin o IGF-1 LR3), si basano su un adeguato apporto proteico per supportare la sintesi proteica muscolare. Cerca di consumare 1,0-1,2 grammi di proteine per chilo di peso corporeo al giorno. Questo può provenire da fonti come carni magre, pesce, uova, latticini o proteine in polvere a base vegetale.

Grassi sani

I peptidi ormonali che influenzano i livelli di testosterone, estrogeni o ormone della crescita funzioneranno meglio se il tuo corpo ha accesso a grassi sani. Gli acidi grassi omega-3 (da pesce, semi di lino o noci) supportano la produzione di ormoni, riducono l'infiammazione e migliorano la salute cellulare generale.

Antiossidanti

Peptidi come GHK-Cu e BPC-157 promuovono la riparazione dei tessuti e riducono l'infiammazione. Per supportare questo processo, concentrati su una dieta ricca di antiossidanti come frutta, verdura, noci e semi che aiutano a combattere lo stress ossidativo, che può compromettere il recupero e la salute cellulare.

Idratazione

Rimanere idratati è essenziale per il recupero muscolare, la riparazione dei tessuti e la salute generale. Bevi almeno 8-10 bicchieri d'acqua al giorno e considera di aumentare questa quantità se stai usando peptidi per le prestazioni o la perdita di grasso, poiché aiutano a migliorare l'attività metabolica.

7.1.2 Esercizio

Allenamento della forza

Per i peptidi di crescita muscolare, è importante impegnarsi in un regolare allenamento di resistenza. Concentrati su movimenti composti (come squat, stacchi e presse) che lavorano su grandi gruppi muscolari. Punta a 3-5 sessioni a settimana, con un sovraccarico progressivo per sfidare continuamente i tuoi muscoli.

Esercizio cardiovascolare

Per le persone che usano peptidi per la perdita di grasso come AOD-9604, Semaglutide, ecc. Incorporare il cardio è importante. L'allenamento a intervalli ad alta intensità (HIIT) è particolarmente efficace per massimizzare la perdita di grasso, mentre il cardio allo stato stazionario può supportare la salute cardiovascolare generale e la resistenza.

Sessioni di recupero

Peptidi come BPC-157 e TB-500 migliorano il recupero. Completa questo incorporando attività di recupero a bassa intensità (come yoga, nuoto o camminata) per promuovere la circolazione, ridurre l'infiammazione e migliorare la riparazione muscolare.

7.1.3 Recupero

Dormire

Peptidi come DSIP, Epitalon o CJC-1295 ottimizzano il recupero durante il sonno. Punta a 7-9 ore di sonno di qualità ogni notte. Il sonno è quando il tuo corpo ripara i muscoli, elabora le informazioni e bilancia i livelli ormonali. Lesinare sul sonno può ostacolare i tuoi progressi, indipendentemente dal funzionamento dei tuoi peptidi.

Gestione dello stress

I peptidi come Selank o Semax possono aiutare a gestire lo stress, ma l'integrazione di altre pratiche di riduzione dello stress (come la meditazione, la respirazione profonda o la consapevolezza) nella routine può supportare ulteriormente l'efficacia dei peptidi. Alti livelli di stress possono interrompere l'equilibrio ormonale, compromettere la funzione cognitiva e portare a infiammazioni, tutti fattori che contrastano i benefici della terapia peptidica.

7.2 Gestire le tue aspettative

Comprendere la differenza tra benefici a breve e lungo termine è importante quando si utilizzano peptidi, poiché peptidi diversi offrono risultati in tempi diversi.

7.2.1 Prestazioni a breve termine (da giorni a settimane)

Energia e concentrazione:

Peptidi come **Semax** o **Selank** spesso offrono notevoli miglioramenti nella concentrazione, nella funzione cognitiva e nell'umore entro pochi giorni. È probabile che gli individui sperimentino una maggiore chiarezza, una riduzione dell'ansia e migliori prestazioni mentali in tempi relativamente brevi.

Miglioramenti del sonno

Peptidi come **DSIP** ed **Epitalon** possono migliorare la qualità del sonno entro la prima settimana di utilizzo. Gli utenti spesso riferiscono di addormentarsi più velocemente, di avere meno risvegli e di svegliarsi più riposati entro le prime notti.

Soppressione dell'appetito

Per i peptidi per la perdita di grasso come **Semaglutide** o **Tirzepatide**, la soppressione dell'appetito può verificarsi entro le prime dosi, rendendo più facile ridurre l'apporto calorico e iniziare a perdere peso.

7.2.2 Prestazioni a lungo termine (entro mesi)

Crescita muscolare e perdita di grasso

Peptidi come **CJC-1295**, **Ipamorelin** o **IGF-1 LR3** possono richiedere 8-12 settimane prima che si notino guadagni muscolari significativi o perdita di grasso. Costruire muscoli e bruciare i grassi richiede un uso costante combinato con una corretta alimentazione ed esercizio fisico.

Anti-invecchiamento e salute della pelle

Peptidi come **GHK-Cu** o **Epitalon** supportano il ringiovanimento della pelle e gli effetti anti-invecchiamento, ma questi cambiamenti si verificano nell'arco di diversi mesi. Potresti notare sottili miglioramenti nella struttura della pelle, nell'elasticità e nelle rughe, ma i cambiamenti drastici richiedono tempo.

Longevità e supporto immunitario

Peptidi come **la timosina, l'alfa-1** e **Epitalon,** che supportano la funzione immunitaria o la longevità cellulare, spesso forniscono benefici a lungo termine. Una migliore difesa immunitaria o miglioramenti dei sintomi legati all'età potrebbero non essere immediatamente evidenti, ma contribuire a una migliore salute a lungo termine.

7.2.3 Bilanciamento delle aspettative

Per ottenere risultati a lungo termine con i peptidi è necessario un uso costante per un periodo prolungato. Attenersi ai cicli e ai dosaggi raccomandati, anche se non si notano cambiamenti immediati.

I peptidi non sono soluzioni magiche. I loro effetti sono amplificati se combinati con pratiche di stile di vita sane, tra cui un'alimentazione equilibrata, esercizio fisico regolare e sonno adeguato.

Monitora i piccoli miglioramenti nel tempo, che si tratti di un migliore recupero, di una leggera riduzione del grasso corporeo o di una pelle più liscia. Questi cambiamenti incrementali si accumulano in risultati significativi dopo diversi mesi.

CAPITOLO 8. CONCLUSIONE

I peptidi sono diventati uno dei progressi più interessanti della medicina moderna, offrendo una vasta gamma di applicazioni terapeutiche, dall'anti-invecchiamento e dalla cura della pelle alla perdita di grasso, alla crescita muscolare, al supporto immunitario, al miglioramento cognitivo e alla funzione cerebrale, alla salute sessuale e altro ancora.

La loro capacità di mirare alle cause alla radice specifiche di molti problemi di salute con effetti collaterali minimi ha reso la terapia peptidica una scelta preferita per molti individui, atleti e professionisti medici. Con l'avanzare della ricerca, il potenziale dei peptidi nella medicina preventiva, nel trattamento delle condizioni croniche e nelle soluzioni sanitarie personalizzate non potrà che espandersi.

Questo libro ha trattato un'ampia gamma di peptidi e come possono essere impilati/combinati per ottenere risultati specifici, insieme a una guida pratica per una preparazione e un uso sicuri. Proprio come ogni percorso di benessere, la chiave del successo sta nel combinare la terapia peptidica con uno stile di vita sano e capire come risponde il tuo corpo.

Ricorda che i peptidi sono potenti, quindi è sempre meglio affrontarli con cura. Collabora con un professionista della salute per monitorare i tuoi progressi e regolare i dosaggi secondo necessità.

Grazie per aver letto e buona fortuna!

8.1 Risorse per l'ulteriore apprendimento e la ricerca

Poiché il campo della terapia peptidica continua a crescere, rimanere informati sugli ultimi sviluppi, ricerche e prodotti è importante per chiunque sia interessato all'uso dei peptidi. Ecco alcune risorse chiave per ulteriori studi e ricerche:

1. Riviste mediche e pubblicazioni di ricerca

- **PubMed**: Questo è uno dei più grandi database di articoli di ricerca scientifica, inclusi molti studi sulla terapia peptidica. È possibile cercare peptidi specifici e rivedere gli studi clinici più recenti e le ricerche sottoposte a revisione paritaria.

- **ResearchGate**: una piattaforma in cui i ricercatori condividono le loro pubblicazioni e risultati. È un'ottima risorsa per accedere agli studi sulle terapie peptidiche emergenti e discutere i risultati con altri professionisti del settore.

2. Organizzazioni professionali

- **International Peptide Society (IPS)**: un'organizzazione professionale dedicata al progresso nel campo della terapia peptidica. Offrono risorse educative, webinar e corsi di formazione sia per gli operatori sanitari che per le persone interessate all'uso dei peptidi.

- **American Academy of Anti-Aging Medicine (A4M)**: un'organizzazione globale che si concentra sui progressi nella medicina anti-invecchiamento, comprese le terapie peptidiche. Ospitano conferenze, pubblicano ricerche e offrono certificazioni in terapia peptidica.

3. Siti web e forum educativi

- **Blog sulle scienze dei peptidi**: una fonte affidabile per notizie e aggiornamenti sulla ricerca, le applicazioni e le informazioni sulla sicurezza dei peptidi.

- **Peptides.org**: Fornisce spiegazioni dettagliate su come funzionano i diversi peptidi, i loro benefici e come possono essere integrati nelle routine di salute.

- **Forum di fitness e benessere: le** comunità online, come **r/Peptides** o **r/Nootropics di Reddit**, sono luoghi eccellenti per discutere con altri utenti sulle loro esperienze con la terapia peptidica. Questi forum spesso forniscono approfondimenti pratici, recensioni di prodotti e consigli su stack e combinazioni.

4. Operatori sanitari e specialisti di peptidi

Lavorare con un operatore sanitario esperto in terapia peptidica è essenziale per garantire un uso sicuro ed efficace. Molti medici di medicina funzionale, endocrinologi e specialisti antietà sono ben informati sulla terapia peptidica e possono guidarti nella creazione di piani di trattamento personalizzati.

Referenze

Almeida, J. R. (2024). Il viaggio lungo un secolo dei farmaci a base di peptidi. *Antibiotici*, *13*(3), 196. https://doi.org/10.3390/antibiotics13030196

Doti, N., & Ruvo, M. (2024). Peptidi sintetici e peptidomimetici: dalla scienza di base alle applicazioni biomediche—Seconda edizione. *Giornale internazionale di scienze molecolari*, *25*(2), 1083–1083. https://doi.org/10.3390/ijms25021083

Fetse, J., Kandel, S., Mamani, U.-F., & Cheng, K. (2023). *Recenti progressi nello sviluppo di peptidi terapeutici*. *44*(7), 425–441. https://doi.org/10.1016/j.tips.2023.04.003

Li, L., Gregory Joseph Duns, Wubliker Dessie, Cao, Z., Ji, X., & Luo, X. (2023). Recenti progressi nelle strategie terapeutiche basate su peptidi per il trattamento del cancro al seno. *Frontiere in farmacologia*, *14*. https://doi.org/10.3389/fphar.2023.1052301

Marcin, A. (2023, 13 novembre). *Peptidi per la perdita di peso: tutto quello che c'è da sapere*. Linea sanitaria; Media Healthline. https://www.healthline.com/health/weight-loss/using-peptides-for-weight

Martini, S., & Davide Tagliazucchi. (2023). *Peptidi bioattivi nella salute e nelle malattie umane*. *24*(6), 5837–5837. https://doi.org/10.3390/ijms24065837

Naeem, M., Muhammad Inamullah Malik, Umar, T., Ashraf, S., & Ahmad, A. (2022). Una revisione completa sui peptidi bioattivi: fonti per la prospettiva futura. *Giornale internazionale di ricerca e terapia sui peptidi*, *28*(6). https://doi.org/10.1007/s10989-022-10465-3

Ngoc, LTN, Moon, J.-Y., & Lee, Y.-C. (2023). Approfondimenti sui peptidi bioattivi nei cosmetici. *Cosmetici*, *10*(4), 111. https://doi.org/10.3390/cosmetics10040111

Nhàn, T., Yamada, T., & Yamada, K. H. (2023). Agenti a base di peptidi per il trattamento del cancro: applicazioni attuali e direzioni future. *Giornale internazionale di scienze molecolari*, *24*(16), 12931–12931. https://doi.org/10.3390/ijms241612931

Othman Al Musaimi. (2024). Peptide Therapeutics: svelare il potenziale contro il cancro: un viaggio fino al 1989. *Tumori*, *16*(5), 1032–1032. https://doi.org/10.3390/cancers16051032

Pereira, A. J., Luana, Xing, H., & Conda-Sheridan, M. (2024). Terapie a base di peptidi: sfide e soluzioni. *Ricerca di chimica farmaceutica*. https://doi.org/10.1007/s00044-024-03269-1

Petre MS, RD (NL), A. (2020, 3 dicembre). *Peptidi per il bodybuilding: funzionano e sono sicuri?* Linea di salute. https://www.healthline.com/nutrition/peptides-for-bodybuilding

Purohit, K., Reddy, N., e Anwar Sunna. (2024). Esplorare il potenziale dei peptidi bioattivi: dalle fonti naturali alle terapie. *Giornale internazionale di scienze molecolari*, *25*(3), 1391–1391. https://doi.org/10.3390/ijms25031391

Richard, O.-A. (2019). *Peptidi bioattivi*. Google Libri. https://books.google.com.ng/books?id=JJ_MBQAAQBAJ&lpg=PP1&ots=DzI9Z5uKH5&dq=Bioactive%20peptides%20and%20health.%20(n.d.).%20Frontiers%20in%20Nutrition&lr&pg=PR6#v=onepage&q&f=false

Rivero-Pino, F. (2023). Peptidi bioattivi derivati da alimenti per la nutrizione funzionale: Effetto della fortificazione, della lavorazione e dello stoccaggio sulla stabilità e la bioattività dei peptidi all'interno di matrici alimentari. *Chimica degli alimenti*, *406*, 135046. https://doi.org/10.1016/j.foodchem.2022.135046

Rossino, G., Marchese, E., Galli, G., Verde, F., Finizio, M., Serra, M., Linciano, P., & Collina, S. (2023). Peptidi come agenti terapeutici: sfide e opportunità nell'era della transizione verde. *Molecole*, *28*(20), 7165. https://doi.org/10.3390/molecules28207165

Sreenivas, S. (2021, 25 marzo). *Cosa sono i peptidi?* WebMD. https://www.webmd.com/a-to-z-guides/what-are-peptides

Wang, L., Wang, N., Zhang, W., Cheng, X., Yan, Z., Shao, G., Wang, X., Wang, R., & Fu, C. (2022). Peptidi terapeutici: applicazioni attuali e direzioni future. *Trasduzione del segnale e terapia mirata*, *7*(1), 48. https://doi.org/10.1038/s41392-022-00904-4

www.ingramcontent.com/pod-product-compliance
Lightning Source LLC
Chambersburg PA
CBHW082251220526
45469CB00009B/2964